建筑装饰装修职业技能岗位培训教材

建筑装饰装修镶贴工

（初级工　中级工）

中国建筑装饰协会培训中心组织编写

U0270608

中国建筑工业出版社

图书在版编目（CIP）数据

建筑装饰装修镶贴工（初级工　中级工）/中国建筑
装饰协会培训中心组织编写. —北京：中国建筑工业
出版社，2002

建筑装饰装修职业技能岗位培训教材

ISBN 978-7-112-05581-4

Ⅰ. 建… Ⅱ. 中… Ⅲ. 工程装修-技术培训-教材
Ⅳ. TU767

中国版本图书馆 CIP 数据核字（2002）第 101673 号

建筑装饰装修职业技能岗位培训教材

建筑装饰装修镶贴工

（初级工　中级工）

中国建筑装饰协会培训中心组织编写

＊

中国建筑工业出版社出版、发行（北京西郊百万庄）

各地新华书店、建筑书店经销

北京市密东印刷有限公司印刷

＊

开本：850×1168 毫米　1/32　印张：8¼　字数：221 千字

2003 年 7 月第一版　2015 年 9 月第二次印刷

定价：**12.00** 元

ISBN 978-7-112-05581-4

（11199）

本教材考虑建筑装饰装修镶贴工的特点以及初、中级工的"应知应会"内容,根据建筑装饰装修职业技能岗位标准和鉴定规范进行编写。全书由基础知识、识图、材料、机具、施工工艺和施工管理六章组成,以材料和施工工艺为主线。

　　本书可作为木工技术培训教材,也适用于上岗培训以及读者自学参考。

出 版 说 明

为了不断提高建筑装饰装修行业一线操作人员的整体素质,根据中国建筑装饰协会 2003 年颁发的《建筑装饰装修职业技能岗位标准》要求,结合全国建设行业实行持证上岗、培训与鉴定的实际,中国建筑装饰协会培训中心组织编写了本套"建筑装饰装修职业技能岗位培训教材"。

本套教材包括建筑装饰装修木工、镶贴工、涂裱工、金属工、幕墙工五个职业(工种),各职业(工种)教材分初级工、中级工和高级工、技师、高级技师两本,全套教材共计 10 本。

本套教材在编写时,以《建筑装饰装修职业技能鉴定规范》为依据,注重理论与实践相结合,突出实践技能的训练,加强了新技术、新设备、新工艺、新材料方面知识的介绍,并根据岗位的职业要求,增加了安全生产、文明施工、产品保护和职业道德等内容。本套教材经教材编审委员会审定,由中国建筑工业出版社出版。

为保证全国开展建筑装饰装修职业技能岗位培训的统一性,本套教材作为全国开展建筑装饰装修职业技能岗位培训的统一教材。在使用过程中,如发现问题,请及时函告我会培训部,以便修正。

中国建筑装饰协会

2003 年 6 月

建筑装饰装修职业技能岗位标准、鉴定规范、习题集及培训教材编审委员会

前　言

　　本书是中国建筑装饰协会规定的"建筑装饰装修职业技能岗位培训统一教材"之一，是根据中国建筑装饰协会颁发的《建筑装饰装修职业技能岗位标准》和《建筑装饰装修职业技能鉴定规范》编写的。本书内容包括镶贴工初级工、中级工的基本知识、识图、机具、材料、施工工艺及施工管理等。通过系统的学习培训，可分别达到初级工、中级工的标准。

　　本书根据建筑装饰装修镶贴工的特点，以材料和工艺为主线，突出了针对性、实用性和先进性，力求作到图文并茂、通俗易懂。

　　本书由北京市建筑工程装饰公司高级工程师梁家斑主编，由韩立群主审，参编人员梁兵。在编写过程中得到了有关领导和同行的支持及帮助，参考了一些专著书刊，在此一并表示感谢。

　　本书除作为业内镶贴工岗位培训教材外，也适用于中等职业学校建筑装饰专业、职业高中教学及读者自学参考。

　　本教材与《建筑装饰装修镶贴工职业技能岗位标准、鉴定规范、习题集》配套使用。

　　由于时间紧迫，经验不足，书中难免存在缺点和错漏，恳请广大读者指正。

目　　录

第一章 基 础 知 识

第一节 镶贴工程概述

镶贴工程是建筑装饰工程的重要组成部分。是在建筑物的主体结构完工以后，在墙体、地面、楼面、顶棚、柱面等构件的基层上，用砂浆或块材涂抹、镶贴面层的操作工艺过程。

一、镶贴工程的施工范围

依据建设部颁发的《建筑装饰装修职业技能岗位标准》镶贴工的工作范围，包括室内外抹灰、饰面板（砖）镶贴以及非承重墙砌筑等。

二、镶贴工程的作用

1. 保护结构
2. 保温、隔热、隔声
3. 美化环境
4. 板（砖）块面材易清洁

三、最早的镶贴工程

在新石器时代（大约一万多年前）狩猎和穴居的人类生活逐渐被农业和家居代替，最古老的房子造型近似帐篷，粗石基础上部全部是泥土，（图1-1）目的在于遮风挡雨。后来房子发展成长方形，采用石头基础、石墙，在缺少石头的地方就用粘土掺麦秆作成土坯。发展到木模脱制土坯，为了保护土坯不被雨水冲洗，也为了房子里遮风，土坯墙两侧都抹一层大泥。而且有的是石膏抹灰，用石头磨平打光，染成红色，也有的画上彩色壁画或在土坯上镶贴彩色石块。

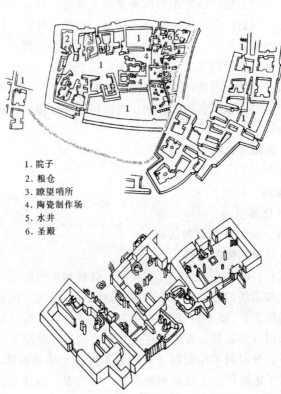

1. 院子
2. 粮仓
3. 瞭望哨所
4. 陶瓷制作场
5. 水井
6. 圣殿

图 1-1　远古时期房屋的发展

在土坯出现后又经历三千多年，有了经烧制的黏土砖，这时有人用石片、贝壳做成锦砖（马赛克）镶贴在墙上。也有人将没有干透的土坯砖垒砌成墙体，雕刻、编号，而后拆除，烧制成砖，再按编号顺序砌筑（图1-2）。

图1-2 远古墙体泥雕

在一个叫梅尔辛的地区挖掘出一座公元前六千多年的军用碉堡。残留的防卫墙是由土坯砌筑，地面是石块铺成，这可能是发现最早的石材铺筑地面。

四、镶贴工程的发展与现状

1. 墙体

是承载屋面结构重量，遮风挡雨，保温隔热，围护和分隔空间的构件。说到墙体，人们就想到在我国西周时期（大约公元前1060年～711年），就开始出现了黏土砖，所以有人说黏土砖是与人类的文化历史同步发展的一种建筑材料。"秦砖汉瓦"与土坯相比进步很大，强度高、耐水性好、外形规则、尺寸均一、易于砌筑，所以二千多年来，一直是我国房屋建筑中的主要墙体材料。但是黏土砖要破坏大量的耕地，而且重量大，随着我国人口的增多，土地资源的匮乏，我国正在逐步限制黏土实心砖的使用和生产。

我国在1998年公布的建筑技术纲要中，再次提出改革墙体和屋面，提高热功与防水性能。要求外墙与屋面应提高保温、隔热、防水等性能和装饰效果，内隔墙应满足隔声要求，厨房、卫生间应解决隔墙防潮，地面防水问题，各种墙体与屋面均宜减轻自重，耐久可靠，方便施工。目前正在研究加气混凝土和利用轻骨料与工业废料生产的新型墙体材料——保温复合墙体。保温复合墙体扩大无机纤维（矿棉、岩棉、玻璃棉）制品等高效保温材料，在墙体中的应用。开展新型模数多孔砖砌体的研究工作，采取措施，提高外墙保温隔热防水性能（图1-3）。

2. 抹灰

自从利用石膏、石灰、水泥之后，大泥抹灰就逐渐消失了。

（1）水泥抹灰工艺简单，具有易操作、易成型的特点，可以用来创造出随意的曲线。

抹灰的另一种用法就是在上面作线刻，刻出自由、活泼的各种曲线，从而满足艺术对曲线的表现要求。

（2）抹灰砂浆的种类很多，按其组成材料不同可分为：水泥砂浆、石灰砂浆、混合砂浆、水泥石渣砂浆、水泥珍珠岩保温砂浆、防水砂浆、聚合物水泥砂浆、麻刀灰、纸筋灰、石膏灰等。

（3）作用

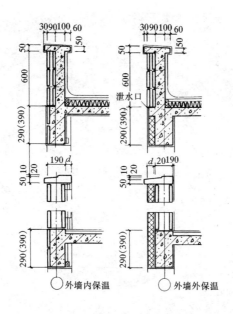

图 1-3 外墙保温示意图

1）是当前最好的环保材料，保温、隔热、隔声。

2）是很好的装饰性材料。除抹灰易作成浮雕装饰外，可抹成仿砖、仿石材，也可做成水刷石、剁斧石、水磨石、拉条灰、拉毛灰、喷涂、滚涂、弹涂等。

3）是涂料、墙纸的基层工艺。

4）保护结构。

3.陶瓷制品镶贴

前面已讲述了人类在远古时期的土坯上就有了镶贴工艺，我国很早就有了琉璃瓦，琉璃饰面板，如现在保存完好的北岳琉璃牌楼、北京北海公园的九龙壁（图1-4）。

悠久的历史证明陶瓷镶贴材料是一种很好的装饰材料，完善了抹灰工艺，增加了观赏性、耐久性、易清洗性和增强了对结构的保护作用。工艺也从砂浆镶贴向胶粘结转移。

陶瓷材料也随着时代的发展、科技的进步，它的花色、品种、性

图 1-4 琉璃饰面板

能都发生了极大的改变,在装饰性和实用性方面不断完善,以满足时代的需要。在现代建筑装饰装修工程中应用的陶瓷制品主要是陶瓷墙、地砖、卫生陶瓷、琉璃陶瓷等。其中产量最大、应用最广泛的还是陶瓷砖,分为内墙釉面砖、地砖和外墙砖三类产品。

过去,马赛克并不是室内外的装饰形式,而是一种艺术形式,制作时几乎要用绘画和雕刻的方法进行精雕细作(图 1-5)。

今天,对马赛克这个术语(也称为陶瓷锦砖)我们最熟悉的是作为各种样式的建筑物墙壁和地面的装饰材料广泛使用。世界到处都在制造,有各种形状、尺寸和色彩,上釉的陶瓷锦砖基本上是瓷砖的雏形,两者都有陶瓷的性质,从不太硬而又能渗透的陶器到坚硬而又致密的瓷器都有。有高温釉料的瓷器型,既抗冻又耐久,特别适合于室外墙壁表面使用,有低温釉料的陶器型,限于在受到较小磨损和撕毁的室内表面使用。

图 1-5 早期的马赛克

无釉陶瓷锦砖可分为玻化的和非玻化的，完全玻化的类型特别耐久又能抗腐蚀，而非玻化类型有渗透性又不太耐久。

使用现代胶粘剂，可把它们固定在任何一种表面上，只要表面光滑、平整而又符合制造商规定的条件就可。用水泥砂浆作基底的传统方法，在有利的施工条件下可能是最便宜的手段。

4. 石材镶贴

石材的应用已有上万年的历史，从有记载的石器时代开始到目前可分为两个阶段。第一阶段：由于石材坚硬是天然的结构构件，同时还可以雕刻，多用作墙体。第二阶段：是从用火山灰制成天然混凝土开始，石材就开始从结构转移到装饰面层，包括地面面层和雕刻品（图 1-6）。

我国的石材资源十分丰富，由于过去社会的封闭，从石材的加工、安装、雕刻、琢磨都有自己独特的工艺和许多卓越的技术成就，特别是四川的都江堰、乐山大佛等。石材有大自然的气息，目前应用十分广泛，不仅用于室内墙面和地面，而且大量用于室外近百米高的外檐墙面。在室外用的大部分是花岗岩，室内墙面多用大理石。石材的开采在 1996 年已超过 1 亿 m^2，列世界第二位。我国石材的年应用量 1994 年已达到世界第二位。

图 1-6 石材饰面

五、镶贴工艺质量和核心要素

镶贴工艺操作的根本任务就是照图施工，即通过对相关设计文件和图纸的学习、理解、消化，采用合理的构造组合、材料选择、工艺技术手段、准确的拼图、精密的衔接、缝格平顺以及收边、封口角位规矩、相互交圈、结合平整、牢固。

第二节　建筑构造与结构

一、建筑构造

建筑一般由屋顶、楼板、墙、柱、门、窗、基础组成，其中：

屋顶、楼板、墙、柱、基础按力的传递规律组合、衔接，构成力的均衡与稳定并根据功能和艺术要求，体现出造型艺术、节能标准、材料质感和色彩的整体组合与协调，通过技术手段达到和谐、实用、美观、经济的目的。

1. 屋顶

屋顶是建筑物顶部遮风挡雨的围护结构，是承重构件；防止自然界风、雨、雪渗透和热传递。为满足多方面的功能要求，屋顶构造具有多种材料叠合，多层次作法的特点。作为承重构件除承受由于隔热、防潮、防风雨雪的构造层和镶铺面层产生的自重荷载之外，承受风、雨、雪以及上人产生的临时荷载或活荷载，将这些荷载传到墙和柱。

（1）大屋顶（坡顶）

是中国建筑的最大形态特征。瓦屋面由木构架承受屋面荷载传递到木柱上。由于木构造的造型不同，分为双坡两歇山或两硬山以及四坡、多坡等。

（2）小青瓦屋面（坡顶）

是中国民间房屋形状特征，由木屋架承受屋面荷载，力传递分为全部传递到木柱和由木柱与硬山（垂脊）分别承受（图1-7）。

（3）钢筋混凝土平顶层面

是目前最常用的屋面，按防水构造分为卷材屋面和钢性屋面。构件包括平屋顶、挑檐、女儿墙、上人孔、雨水口、管道出口等。其构造包括：找平层、隔气层、保温层、防水层、镶铺面砖（上人屋顶）、抹水泥砂浆分格（不上人屋顶）。此项目抹灰为外檐抹灰。

（4）其他屋面

加气混凝土板屋面、玻璃钢顶屋面、铝合金玻璃屋面等。

2. 楼地板层

是水平方向分隔楼层的构件，是提供人们活动的场所，是组成房间的要素，除承受自身钢筋混凝板和面层荷载之外，还要承受家具设备及人活动的荷载，并将其传给梁和柱，同时对相应的

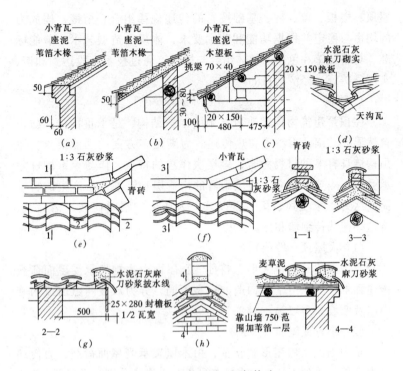

图 1-7 小青瓦屋面细部构造

梁和柱起到水平侧向力的支撑作用，增强了稳定性。楼板在建筑功能上有隔声、隔热作用。其构造一般由钢筋混凝土预制板（或现浇板）为基底，通常上层是混凝土（或焦渣）垫层（如有防水要求应增加找平层、防水层）、面层。钢筋混凝土板的下部是下一楼层的顶棚。

（1）混凝土（或焦渣）垫层

是钢筋混凝土结构层与建筑地面面层的结合层，具有隔声、节能作用，同时保护楼面的水平电管或其他预埋件。

（2）防水层（有防水要求和部位）

是建筑物的要素之一，应包括找平层、防水层和保护层。

（3）面层

俗称楼面或地面，与垫层、防水层组成楼板结构的保护层，应具有耐磨、易清洁的特性。材质、色彩应与房间及建筑物整体融合。

（4）顶棚

它在楼板层的下面可作吊顶也可抹灰或直接刮腻子打平，粘贴面料或作涂层。

3．墙、柱

是构成建筑物的又一要素。

（1）在建筑物中按墙体所处的位置分为内墙和外墙。外墙位于房屋的四周，能遮风挡雨抵抗大气侵袭，又称为外围护墙。内墙位于房屋内部，主要起分隔内部空间作用。按墙的方向又可分为纵墙、横墙。沿建筑物长轴方向布置的墙为纵墙，房屋有内纵墙、外纵墙（如通长走道两侧的墙就称为内纵墙），建筑物短方向的墙称之为横墙，又分为内横墙和外横墙，外横墙通常称为山墙。

（2）按受力情况，墙、柱是建筑物的竖向构件，在砖混结构和钢筋混凝土结构中，按结构受力情况分为承重墙和非承重墙两种。承重墙直接承受楼板及屋顶板传下来的荷载。非承重墙不承受外来荷载，起分隔空间的作用。在框架结构中，墙不承受外来荷载，称为框架填充墙。

墙体是多功能构件，它除能传力、能遮风挡雨之外，还有隔声、保温、分配空间、美化空间的作用。

（3）按墙体材料及构造分类

按所用材料可分为：现浇混凝土墙、预制混凝土墙、实心砖砌体墙、空心砖砌体墙、空斗砖墙等等。常见墙体如：普通实心砖砌体墙、混凝土小型砌块墙、加气混凝土墙、保温复合墙、轻体混凝土墙、粘土空心砖墙等等。

4．基础

一般分为独立基础（柱基）、条型基础（墙基）和箱形基础（框架结构或框筒、剪力墙结构）。墙或柱的力通过基础传给地基土。

二、结构类型

常见的房屋结构有砖混凝结构、多层框架结构、剪力墙结构、框架—剪力墙结构，下面是两个结构形式的例子。

图 1-8 砖混结构示意图

【例1】 砖混结构：图 1-8 为某小学教学楼示意图，这栋采用钢筋混凝土楼板面而由砖墙承重的多层混合结构房屋，主要承重体系是：楼面全部由预制多孔空心板组成，空心板搁置在大梁或内横墙上，大梁搁置在内外纵墙上，上层墙支承在下层墙上，底层墙支承在条形基础上。

【例2】 框架结构：它的主要承重结构体系是楼面搁置在次梁上，次梁搁置在主梁上，主梁搁置在柱子上，上层柱子支承在下层柱子上，最终传到基础上（图1-9）。

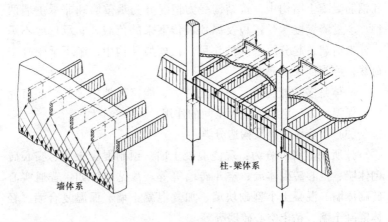

墙体系

柱-梁体系

图 1-9 框架结构受力示意图

第三节 保护环境

随着时代的发展，环境问题、环境保护工作越来越受到人类的关注，这就要求重建人与自然环境有机和谐的统一体，实现人与自然环境共生同息、持续发展的文明关系。这就是人类正在经历着的以保护自身赖以生存的环境，有序地建造，持续地维护绿色环境为主要目标的生态时代或称之为生态社会。

一、室内环境的污染

1. 甲醛污染

主要来源于胶合板、细木工板、中密度板、纤维板和树脂类涂料和保温、隔声、隔热的脲醛泡沫塑料等。

危害：可以引起慢性呼吸疾病、女性月经紊乱、新生儿体质下降，甚至引起鼻咽癌。经调查长期接触甲醛的人可引起鼻腔、口腔、咽喉、皮肤和消化道的癌症。

防治：选用甲醛含量低的胶合板、细木工板、中密度板等板材装饰房屋。材料进场应有检测报告和复验报告。

2. 放射性污染

主要来源于天然石材、建筑陶瓷（瓷砖、卫生洁具、炉渣砖、黏土砖）都等可能产生放射性的建筑材料。

危害：自发放出粒子或 γ 射线。长期受到超过允许标准的照射会产生头晕、头痛、乏力、记忆力减退、失眠、食欲不振、脱发、白细胞减少导致白血病等。

防治：经检测后分类使用，A 类使用范围不受限制，B 类不可用于居室，C 类用于建筑物的外饰面。镭放射比活度大于 C 类只能用于建筑物之外的其他构筑物。

3. 氡气的污染

主要来于地基下含氡母体的土壤和岩石以及含氡母体的黏土、砖石、煤渣、水泥、石子、沥青、花岗石、瓷砖、陶瓷、卫生洁具等。

危害：大部分胃癌在这一区域发生的，能导致不正常的细胞迅速分裂，进而发生白血病和呼吸道病变。

防治：我国从 2002 年 7 月 1 日开始执行的十项强制性标准，通过该标准和建设部 2002 年 1 月 1 日实施的《民用建筑工程室内环境污染控制规范》，对氡气的污染作了强制性检验和控制。

（1）新建、扩建的民用建筑工程，设计前必须进行建筑场地土壤中氡浓度的测定并提供相应的检测报告。

（2）为了降低室内氡的污染，民用建筑工程设计必须根据建筑物的类型和用途选用符合规范规定的建筑材料和装饰材料。

如：I类民用建筑工程（指住宅、医院、老年建筑、幼儿园、学校教室等）必须采用 A 类无机非金属建筑材料和装修材料（所指 A 类是"无机非金属装修材料，放射性指标限量。该限量应由检测部门测定）。

（3）为了对消费者的健康、安全负责，为了维护行业的正常发展和企业的合法利益，中国卫生陶瓷协会于 2001 年初对全国陶瓷产品的放射性进行了全面的权威性检测。

检测结果表明绝大部分建筑卫生陶瓷产品（包括卫生洁具、瓷砖）属于 A 类，少量属于 B 类。由于陶瓷产品质量厚度小于 $8g/cm^2$，可按 A 类产品管理，产销与使用不受限制，即任何场合都可使用。但进货时应有检测报告。

4. 苯类物质的污染

主要来源于各种胶粘剂、涂料和防水材料的溶剂和稀释剂。

危害：苯化合物已被世界卫生组织确定为强烈致癌物质。人在短时间内吸入高浓度的甲苯、二甲苯时，可出现头痛、恶心、胸闷、乏力，严重者可致昏迷，引起呼吸循环系统衰竭而死亡。

甲苯和二甲苯也是易燃、易爆物品，挥发后遇明火会爆炸。

防治：我国已通过相关规范和强制型标准，对胶合剂、涂料等含苯有害物质作了严格的限量。

5. 氨气的污染

多来源于冬季施工时掺入混凝土或砂浆内作防冻剂，效果好。

但是氨能从混凝土或砂浆中释放到空气中，温度越高量越大。例如有一家饭馆，由于冬季施工混凝土和砂浆内掺了含尿素的防冻剂，氨味（尿味）很大，最终关闭。

危害：氨气进入肺后，通过肺细胞进入血液，破坏氧运输功能。短期吸入后出现流泪、咽痛、声音嘶哑、咳嗽等症状。

防治：国家近期公布的"关于实施室内装饰装修材料有害物质限量"十项标准之一《混凝土外加剂中释放氨的限量》（GB18588—2001）。

6. 粉尘的污染

室内粉尘主要来源于室外粉尘、门窗不严、墙面、地面施工质量粗糙，特别是水泥地面的起砂等。

危害：粉尘往往是细菌和污染物的载体，易传播疾病。

防治：墙、地面面层光滑，无起泡裂缝，砖的勾缝要严实，外门窗应经风压检测合格。

7. 噪声污染

噪声的来源：室内产生和室外传入，污染源主要是工业、建筑、交通等的噪声。

危害：长期间的噪声环境对儿童的听力、大脑及性格都会产生伤害。会使人性格暴躁、工作效率降低、血压升高等。

防治：施工期间预留的孔洞应堵塞严，抹灰无空鼓和裂缝，外窗双层玻璃边框胶条密封。

二、"绿色建筑"的概念

"绿色建筑"是指在建筑寿命周期（规划、设计、施工、运输、拆除、再利用）内通过降低资源和能源的消耗，减少废弃物的产生，最终实现与自然共生的建筑，它是可持续发展的代名词。

1. 学习环境保护知识，树立环境保护的意识

当前人类毁坏自身环境的速度已经大大超过了自身对环境产生适应能力的速度。长此以往，人类必然走上自我毁灭之路！而人类共同的愿望是能够世世代代在地球上幸福地生存下去。因而环境保护日益引起人类社会的高度重视。要搞好环境保护，就要深刻理解环境问题的本质。当代环境问题的本质是没有按照自然规律办事，而是过大的夸大了人类的主导作用。自认为人类可以按照自己的意愿改造自然。在"人定胜天"的思想支配下迅速地发展和运用了新的科学技术去征服一切。人类没有意识到主宰自

然的过程中，对环境的每一次作用都要承受环境对人类的反作用，甚至是严重的报复性的反作用，已开始使人类尝到了自己种下的苦果。

现在要认识到保护环境就是拯救人类的自身，并积极行动起来。

作为我们建筑装饰工人要认真学习环保知识，树立环境意识，执行相应的规范标准，使用绿色建材，把好建材进入现场关，合理使用材料，节约能源。保持洁净的现场，消除裂缝、空鼓、断缝等质量通病，认真施工把好质量关。

2. 使用绿色（环保）建材

（1）室内不使用含有甲醛的对空气有污染的胶粘剂。应选用水性胶粘剂，并应测定总挥发性有机化合物（TVOC）和游离甲醛的含量，厂家应提供性能检测报告。

（2）不使用未经放射性检验的天然花岗石，室内饰面采用天然花岗岩石材，当总面积大于 $200m^2$ 时，应对不同产品分别进行放射性指标的复验。

（3）不使用含尿素的防冻剂。

（4）砂、石、砖、水泥、商品砂浆、混凝土和新型的墙体等无机非金属材料进场均应有检测报告，如果检测项目不全或对检测结果有疑问时，必须将材料送有资格的检测机构进行检验，检验合格后方可使用。

3. 精心施工

（1）采用正确的工艺并严格把关，不使抹灰层或镶贴层空鼓、开裂，勾缝不产生断缝和空洞。

（2）抹灰、镶贴与门窗口之间填塞缝严密或密封条塞实。

（3）外挂石材之间的缝隙填胶封闭。

（4）施工过程中吊顶以上的预留和凿剔的各种孔洞在吊顶之前应先封堵。

（5）各种保温、隔声墙在内外饰面前应检查验收保温隔声层。

4. 施工过程防止污染和损坏成品

（1）运输袋装水泥、水泥车要有苫布，运输散装水泥应有封闭车辆。

（2）现场水泥堆存有序，使用封闭的水泥库防止扬尘。

（3）施工过程中应防止噪声的污染。

（4）应有成品保护措施，防止成品损坏。

（5）无论新建改造和维修工程一律禁止野蛮凿墙开洞，结构件严禁开洞。绝对禁止重锤敲击，肆意破坏，从而造成主体的损伤，这是违法行为。

（6）现场不允许存放垃圾，随施工随清理。

（7）节约用料，采用套裁和预拼等方法节约材料。

第二章 建 筑 识 图

　　建筑工程图是"工程界的语言"，建筑物的外形轮廓、尺寸大小、结构构造、使用材料都是由图纸表达出来的，施工人员看不懂建筑工程图就无法施工。建筑工程图是审批建筑工程项目的依据；是备料和施工生产的依据；是质量检查验收的依据，也是编制工程概预算、决算及审核工程造价的依据。建筑工程图是具有法律效力的技术文件。

　　学习建筑装饰识图课的目的，就是通过学习了解制图的一般规定、图示原理、图示方法，使学员掌握识读建筑装饰工程图的能力。

　　识图课具有自己的特点，不同于一般以知识为主的课程，因此学员必须掌握识图课的学习方法。一、下功夫培养空间想象能力，即从二维的平面图像想象出三维形体的形状。开始时应借助模形，加强图形对照的感性认识，逐步过渡到脱离实物，根据投影图想像出空间形体的形状和组合关系。学习时光看书不行，必须动手画，做好作业；二、对于线型的名称和用途、比例和尺寸标注的规定、各种符号表示的内容等必须强记；三、学习识读房屋建筑装饰图时应多到工地和实物对照。

第一节　建筑工程图分类

一、按投影法分

1. 正投影图（图 2-1c）

　　是用平行投影的正投影法绘制的多面投影图，这种图画法简便，显示性好，是绘制建筑工程图的主要图示方法，但是，这种图缺乏立体感，必须经培训才能看懂。

2. 轴测图（图 2-1b）

是用平行投影法绘制的单面投影图，这种图有立体感。图上平行于轴测轴的线段都可以测量。但轴测图绘制较难，一个轴测图仅能表达形体的一部分，因此常作为辅助图样，如画了物体的三面投影图后，侧面再画一个轴测图。帮助看懂三面投影图。轴测图也常被用来绘制给排水系统图和各类书籍中的示意图。

3. 透视图（图 2-1a）

是用中心投影法绘制的单面投影图。这种图形同人的眼睛观察物体或摄影得的结果相似，形象逼真、立体感强，能很好表达设计师的预想，常被用来绘制效果图，缺点是不能完整表达形体，更不能标注尺寸。它和轴测图的区别是等长的平行线段有近长远短的变化。

图 2-1 是以一幢由 2 个四棱柱体组成的楼房为例，用三种投影法画出的投影图。

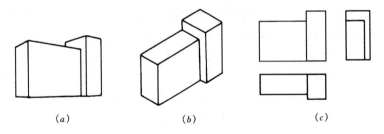

(a)　　　　　　　　　(b)　　　　　　　　(c)

图 2-1　建筑工程常用的投影图

(a) 透视图；(b) 轴测图；(c) 三面投影图

二、按工种和内容分类

1. 总平面图

包括：目录、设计说明、总平面布置图、竖向设计图、土方工程图、管道综合图、绿化布置图。

2. 建筑图

包括：目录、首页（含设计说明）、平面图、立面图、剖面图、详图。

3. 结构图

包括：目录、首页、基础平面图、基础详图、结构布置图、钢筋混凝土构件详图、节点构造详图。

4. 给水排水图

分为室内和室外两部分。包括：目录、设计说明、平面图系统图、局部设施图、详图。

5. 暖通空调图

包括：目录、设计说明、采暖平面图、通风除尘平面图、采暖管道系统图等。

6. 电气图

分为供电总平面图、电力图、电气照明图、自动控制图、建筑防雷保护图。电气照明图包括：目录、设计说明、照明平面图、照明系统图、照明控制图等。

7. 弱电图

包括：目录、设计说明、电话音频线路网设计图、广播电视、火警信号等设计图。

8. 建筑装饰图

虽然建筑装饰施工图与建筑图在绘图原理和图示标识形式上有许多方面一致，但由于专业分工不同，总还存在差异。建筑装饰工程涉及面广，它不仅与建筑、结构、水、暖、电有关，还与家具、陈设、绿化等有关。因此，建筑装饰施工图中常出现建筑制图、家具制图、园林制图和机械制图等多种画法并存的现象；建筑装饰施工图比例较大，在细部描绘上比建筑施工图更细腻。

建筑装饰工程图由效果图、建筑装饰施工图和室内设备施工图所组成。从某种意义上来说效果图也应该是施工图。建筑装饰施工图包括装饰平面图、装饰立面图、装饰剖面图、详图。

三、按使用范围分类

1. 单体设计图

这是我们常见的一种图纸,图纸只适合一个建筑物、一个构件或节点,好比是量体裁衣。虽然针对性强,但设计量大,图纸多。

2. 标准图

把各种常用的、大量性的房屋建筑及建筑配件,按国家标准规定的统一模数设计成通用图。如要建某种规模的医院,好比去服装店采购一样,去标准设计院买套图纸就可用。不仅节约时间而且设计质量高。我们常见到的是各种节点和配件的图集,各省、市都有自己的图集。

四、按工程进展阶段分类

1. 初步设计阶段图纸

只有平、立、剖主要图纸,没有细部构造,用来做方案对比和申报工程项目之用。

2. 施工图

完整、系统的成套图纸,用来指导施工,计算材料、人工,质量检查、评审。

3. 竣工图

工程竣工后根据工程实际绘制图纸,是房屋维修的重要参考资料。

第二节 建筑制图标准

一、图线

工程图是由线条构成的,各种线条均有明确的含义。详见表2-1。图线应用示例见图2-2。

图 线 表 2-1

名 称		线 型	线宽	一般用途
实线	粗		b	主要可见轮廓线
	中		$0.5b$	可见轮廓线
	细		$0.25b$	可见轮廓线、图例线

名　称		线　型	线宽	一　般　用　途
虚线	粗	![粗虚线]	b	见各有关专业制图标准
	中	![中虚线]	$0.5b$	不可见轮廓线
	细	![细虚线]	$0.25b$	不可见轮廓线、图例线
单点长画线	粗	![粗单点长画线]	b	见各有关专业制图标准
	中	![中单点长画线]	$0.5b$	见各有关专业制图标准
	细	![细单点长画线]	$0.25b$	中心线、对称线等
折断线		![折断线]	$0.25b$	不需画全的断开界线
波浪线		![波浪线]	$0.25b$	不需画全的断开界线 构造层次的断开界线

注：地平线的线宽可用 $1.4b$。

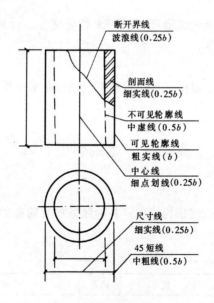

断开界线
波浪线($0.25b$)

剖面线
细实线($0.25b$)

不可见轮廓线
中虚线($0.5b$)

可见轮廓线
粗实线(b)

中心线
细点划线($0.25b$)

尺寸线
细实线($0.25b$)

45 短线
中粗线($0.5b$)

图 2-2　图线应用示例

二、比例

　　图样的比例，应为图形与实物相对应的线性尺寸之比。比例的大小，是指其比值的大小，如 1:50 大于 1:100。比值为 1 的比例叫原值比例，比值大于 1 的比例称之放大比例，比值小于 1 的比例为缩小比例。比例的注写方法见表 2-2。

绘图所用的比例　　　　　　　　　　表 2-2

常用比例	1:1、1:2、1:5、1:10、1:20、1:50、1:100、1:150、1:200、1:500、1:1000、1:2000、1:5000、1:10000、1:20000、1:50000、1:100000、1:200000
可用比例	1:3、1:4、1:6、1:15、1:25、1:30、1:40、1:60、1:80、1:250、1:300、1:400、1:600

三、尺寸标注

1. 图样上的尺寸，由尺寸界线、尺寸线、尺寸起止符号和尺寸数字组成（图 2-3）。

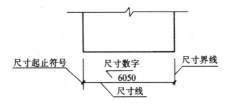

图 2-3　尺寸的组成

2. 图样上的尺寸单位、除标高及总平面以米为单位外，其他必须以毫米为单位。

3. 尺寸数字的注写方向和阅读方向规定为：当尺寸线为竖直时，尺寸数字注写在尺寸线的左侧，字头朝左；其他任何方向，尺寸数字也应保持向上，且注写在尺寸线的上方，如果在 30°斜线区内注写时，容易引起误解，宜按图 2-4b 的形式注写。

4. 半径、直径、球的尺寸标注

半径、直径的尺寸注法请见图 2-5。标注球的半径尺寸时，应在尺寸前加注符号"SR"。标注球的直径尺寸时，应在尺寸数字前加注符号"Sφ"。注写方法与圆弧半径和圆直径的尺寸标注方法相

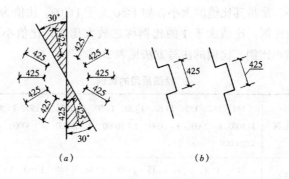

图 2-4　尺寸数字的注写方向

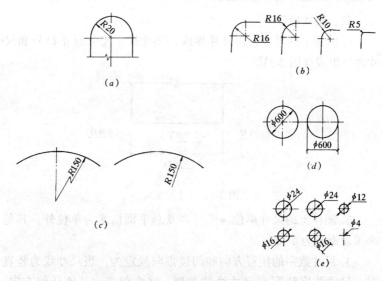

图 2-5　半径、直径标注方法

(a) 半径标注方法；(b) 小圆弧半径的标注方法；(c) 大圆弧半径的标注方法；

(d) 圆直径的标注方法；(e) 小圆直径的标注方法

同。

5. 角度、弧度、弧长的标注

角度标注方法见图 2-6，弧长标注方法见图 2-7。

6. 薄板厚度的尺寸标注

在薄板板面标注板厚尺寸时,应在厚度数字前加厚度符号"t"(图 2-8)。

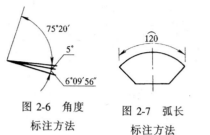

图 2-6 角度
标注方法

图 2-7 弧长
标注方法

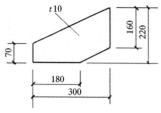

图 2-8 薄板厚度标注方法

7. 正方形的尺寸标注

标注正方形的尺寸,可用"边长×边长"的形式,也可在边长数字前加正方形符号"□"(图 2-9)。

8. 外形非圆曲线物体、复杂图形尺寸标注

外形为非圆尺寸的物体可用坐标形式标注尺寸(图 2-10);复杂的图形,可用网格形式标注尺寸(图 2-11)。

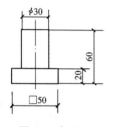

图 2-9 标注
正方形尺寸

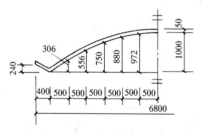

图 2-10 坐标法标注曲线尺寸

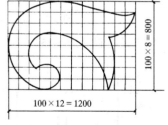

图 2-11 网格法标注曲线尺寸

9. 坡度的标注方法

10. 标高

四、符号

1. 剖切符号

(1)剖视的剖切符号由剖切位置线及投射方向线组成,均应

25

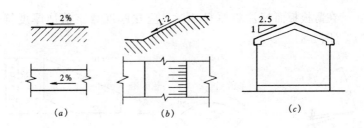

图 2-12　坡度标注方法

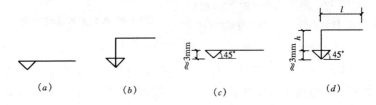

图 2-13　标高符号

l—取适当长度注写标高数字；*h*—根据需要取适当高度

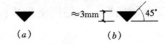

图 2-14　总平面图室外地坪标高符号

以粗实线绘制（图 2-15）。

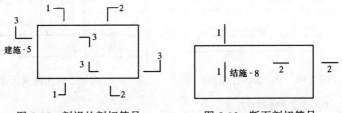

图 2-15　剖视的剖切符号　　　图 2-16　断面剖切符号

（2）断面的剖切符号只用剖切位置线表示，用粗实线绘制。编号所在的一侧应为该断面剖视方向（图 2-16）。

2. 索引符号与详图符号

（1）图样中的某一局部或构件，如需另见详图，应以索引符

26

号索引。其表示方法见图2-17。

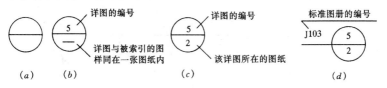

图 2-17　索引符号

（2）索引符号如用于索引剖面详图，应在被剖切的部位绘制剖切位置线，并以引出线引出索引符号，引出线所在的一侧应为投射方向（图2-18）。

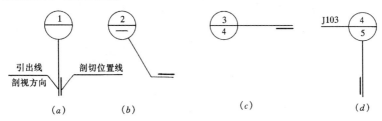

图 2-18　用于索引剖面详图的索引符号

（3）详图的位置和编号，应以详图符号表示（图2-19）。

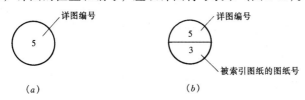

图 2-19　详图符号
（a）与被索引图样同在一张图纸内的详图符号；
（b）与被索引图样不在同一张图纸内的详图符号

3. 其他符号

4. 定位轴线

平面图上的定位轴线编号，宜标注在图样的下方与左侧。横向编号应用阿拉伯数字，从左至右顺序编写，竖向编号应用大写

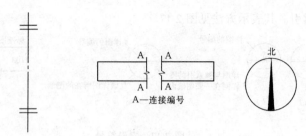

图 2-20 对称符号   图 2-21 连接符号   图 2-22 指北针

拉丁字母，从下至上顺序编写（图 2-23）。

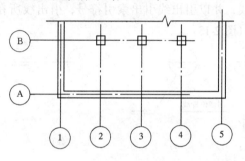

图 2-23 定位轴线的编号顺序

附加轴线的编号，应以分数表示：

表示 2 号轴线之后附加的第一根轴线；

表示 C 号轴线之后附加的第三根轴线。

1 号轴线或 A 号轴线之前的附加轴线的分母应以 01 或 0A 表示，如：

表示 1 号轴线之前附加的第一根轴线；

表示 A 号轴线之前附加的第三根轴线。

28

5．内视符号

为表示室内立面图在平面图上的位置，应在平面图上用内视符号注明内视位置、方向及立面编号（图2-24）。立面编号用拉丁字母或阿拉伯数字。内视符号如图2-24及图2-25所示。

单面内视符号　　　　双面内视符号　　　　四面内视符号

图 2-24　内视符号

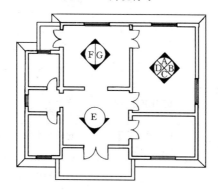

图 2-25　平面图上内视符号应用示例

四、图例

1．常用建筑材料图例（表2-2）

（1）《房屋建筑制图统一标准》（GB/T 50001—2001）规定的图例

常用建筑材料图例　　　　　　　　　表 2-2

序号	名　称	图　例	备　注
1	自然土壤		包括各种自然土壤
2	夯实土壤		
3	砂、灰土		靠近轮廓线绘较密的点

序号	名　称	图　例	备　注
4	砂砾石、碎砖三合土		
5	石　材		
6	毛　石		
7	普通砖		包括实心砖、多孔砖、砌块等砌体。断面较窄不易绘出图例线时，可涂红
8	耐火砖		包括耐酸砖等砌体
9	空心砖		指非承重砖砌体
10	饰面砖		包括铺地砖、马赛克、陶瓷锦砖、人造大理石等
11	焦渣、矿渣		包括与水泥、石灰等混合而成的材料
12	混凝土		1. 本图例指能承重的混凝土及钢筋混凝土 2. 包括各种强度等级、骨料、添加剂的混凝土 3. 在剖面图上画出钢筋时，不画图例线 4. 断面图形小，不易画出图例线时，可涂黑
13	钢筋混凝土		
14	多孔材料		包括水泥珍珠岩、沥青珍珠岩、泡沫混凝土、非承重加气混凝土、软木、蛭石制品等
15	纤维材料		包括矿棉、岩棉、玻璃棉、麻丝、木丝板、纤维板等
16	泡沫塑料材料		包括聚苯乙烯、聚乙烯、聚氨酯等多孔聚合物类材料

30

序号	名 称	图 例	备 注
17	木 材		1. 上图为横断面,上左图为垫木、木砖或木龙骨 2. 下图为纵断面
18	胶合板		应注明为×层胶合板
19	石膏板		包括圆孔、方孔石膏板、防水石膏板等
20	金 属		1. 包括各种金属 2. 图形小时,可涂黑
21	网状材料		1. 包括金属、塑料网状材料 2. 应注明具体材料名称
22	液 体		应注明具体液体名称
23	玻 璃		包括平板玻璃、磨砂玻璃、夹丝玻璃、钢化玻璃、中空玻璃、加层玻璃、镀膜玻璃等
24	橡 胶		
25	塑 料		包括各种软、硬塑料及有机玻璃等
26	防水材料		构造层次多或比例大时,采用上面图例
27	粉 刷		本图例采用较稀的点

注:序号1、2、5、7、8、13、14、16、17、18、22图例中的斜线、短斜线、交叉斜线等一律为45°。

(2)装饰材料图例(表2-3、表2-4)

在《房屋建筑制图统一标准》(GB/T 50001—2001)中有些

装饰材料如胶合板、塑料等已有图例。其余一些装饰材料图例目前无统一标准，现列出一些流行画法供参考。

装饰材料图例   表 2-3

序号	名　称	图　例	说　明
1	纤维板		
2	细木工板		在投影图中很薄时，可不画剖面符号
3	覆面刨花板		
4	软质填充料		棉花、泡沫塑料、棕丝等
5	镜　子		
6	编　竹		上图为平面，下图为剖面
7	藤　编		上图为平面，下图为剖面
8	网状材料		包括金属、塑料等网状材料图纸中注明具体材料
9	栏　杆		上图为非金属扶手；下图为金属扶手
10	水磨石		
11	壁纸符号		左图为对花壁纸；右图为错位对花壁纸
			左图为水洗壁纸；右图为可擦洗壁纸
			左图背面已有刷胶粉；右图为防褪色壁纸
			左图可在再次装饰时撕去；右图为有相应色布料的壁纸

2. 卫生设备图例

卫生设备图例

表 2-4

序号	名　称	平　面	立　面	侧　面
1	洗脸盆			
2	立式洗脸盆（洗面器）			
3	浴　盆			
4	方沿浴盆			
5	净身盆（坐洗器）			
6	立式小便器			
7	蹲式大便器			
8	坐式大便器			
9	洗涤槽			
10	淋浴喷头			
11	斗式小便器			
12	地　漏			
13	污水池		其他设备依设计的实际情况绘制	

2. 家具、摆设物及绿化图例

家具、摆设物及绿化图例目前无统一规定，表2-5列出当前一些流行画法，供参考。

家具、摆设物及绿化图例   表 2-5

序号	名　　称	图　　例	说　　明
1	双人床		原则上所有家具在设计中按比例画出
2	单人床		
3	沙 发		
4	凳、椅		选用家具，可根据实际情况绘制其造型轮廓
5	桌		
6	钢 琴		
7	吊 柜		
8	地 毯		满铺地毯在地面用文字说明
9	花 盆		
10	环境绿化		乔木
11	隔断墙		注明材料

序号	名　称	图　例	说　明
12	玻璃隔断 木隔断		注明材料
13	金属网隔断		
14	雕　塑	○	
15	其他家具	长板凳　食品柜 酒柜	其他家具可在矩形或实际 轮廓中用文字说明

第三节　投影基本知识

影子对我们来说是熟悉的，有物体、光源、投影面就有影子，想去掉都很难，这就是我们常说的"形影不离"。室外阳光下房屋、树木、电线杆在地面上会有影子，人站在室内在地面，墙面上也要有投影。工程制图正是研究和利用了投影的原理。

一、投影法的分类

投影法可分为中心投影和平行投影两类。平行投影又分为斜投影和正投影两类。

1. 中心投影

一块三角板放在灯下，在地面上形成的投影就是中心投影。其特点是三角板距灯越近影子越大，相反则小（图2-26a）。中心投影适用于绘制透视图。

2. 斜投影

一块三角板放在太阳底下，形成的影子就叫斜投影，因太阳距地面很远，因此光线是平行的，这块三角板距地面高低，对影的大小不会有影响（图2-26b）。斜投影适用于绘斜轴测投影图。

3. 正投影

一块三角板放在太阳底下，而这时太阳又正好在我们的头

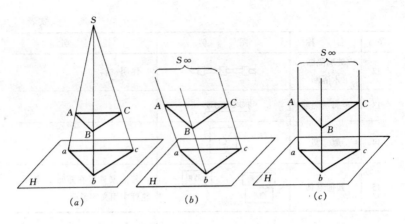

图 2-26　中心投影与平行投影

顶。这时产生的投影就是正投影。正投影是平行投影的特例，这时的光线是垂直于投影面的（图 2-26c）。建筑工程图基本上都是用正投影法绘制的。

二、三视图

1. 三投影面的空间概念

讲投影原理离不开三个投影面（水平投影面、正面投影面、侧面投影面）（图 2-27），因此必须树立这一空间概念，我们应该

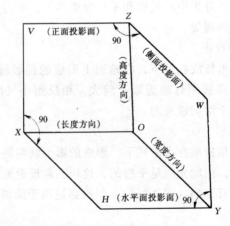

图 2-27　三个投影面的组成

把图 2-27 看成立体的，也就是三个垂直相交的面组成的一个空间，可把它看成屋子的一个角落，地面是水平投影面，用 H 来代表；正面墙是正面投影面，用 V 来代表；侧面墙是侧投影面，用 W 来代表；墙角顶点称为原点，用 O 代表；地面和正面墙交线为 OX 轴；地面和侧面墙交线为 OY 轴；正面墙和侧面墙交线为 OZ 轴。我们也可把一个纸箱去掉 3 个面做成投影模型帮助理解。

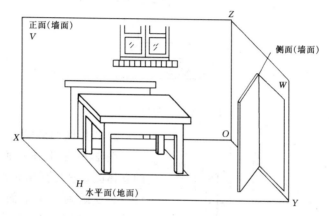

图 2-28　将屋子一角看成投影模型

2. 投影过程

如图 2-30 所示，首先把形体（三角块）置于 H 之上、V 之前、W 之左的空间，同时把形体的主要表面与三个投影面对应平行，即形体前后面平行 V 面、下面平行 H 面、左右面平行 W 面，按箭头指示方向，将形体上各

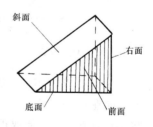

图 2-29　三角块立体图

棱点、棱面，分别向 H、V、W 面作正投影，并将三个投影面上的投影，按一定顺序各自连成图形，即得形体的三面投影图。在 H 面上图形称水平投影或 H 投影，在 V 面上图形称正面投影或 V 投影，在 W 面上图形称侧面投影或 W 投影。

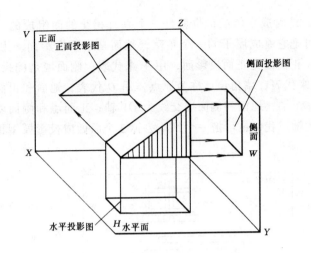

图 2-30 三角块的三视图

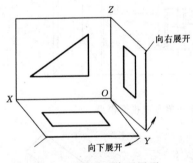

图 2-31 投影面将要展开

3. 投影图的形成

图 2-30 是形体三面投影的立体图。这样图拿起来不方便，必须画到一个平面中去。因此，须将图 2-30 中的空间形体（三角块）去掉，由形体引出的投影线都抹去，只留三面投影图，再将投影面展开。如图 2-31 所示、V 面固定不动，H 面绕 OX 轴向下旋转，W 面绕 OZ 轴向右旋转，直到都与 V 面同在一个平面上，如图 2-32 所示。如用纸箱做投影模型，将 OY 轴剪开，就能取得这样效果。

4. 三面投影图的关系

如图 2-33 所示，在三投影体系中，把 X、Y、Z 三个方向分别定为长、宽、高时，三面投影的关系是：

（1）V、H 投影都反映形体的长度，这两个投影定沿长度方向左右对正，即"长对正"。

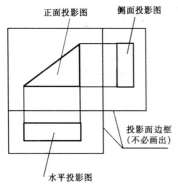

图 2-32 投影面展开后
三角块的三视图

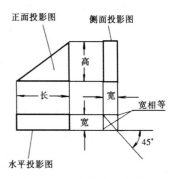

图 2-33 三角块的三视图

（2）H、W 投影都反映形体的宽度，这两个投影的宽度一定相等，即"宽相等"。

（3）V、W 投影都反映形体的高度，这两个投影必沿高度方向上下平齐，即"高平齐"。

归纳起来，三面投影图的关系是：长对正、宽相等、高平齐，称为"三等关系"。它为我们今后读图绘图和检查图形是否正确提供了理论根据。我们读图时找形体尺寸和视图关系如下：

长度到平面投影图和正立面投影图去找；

宽度到平面投影图和侧面投影图去找；

高度到正立面投影图和侧面投影图去找。

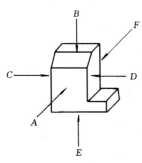

图 2-34 第一角画法

5. 六个方向

形体有左右、前后、上下六个方向（图 2-34）。六个方向与形体一起投影到三个投影面上，所得投影如图 2-35 所示，识读投影图时，方向很重要，因为形体的投影图是离不开方向的。

以上我们所用的正投影法都是直接投影法，也叫第一角画法，但有时会遇到不便，我们如果画仰视图，结

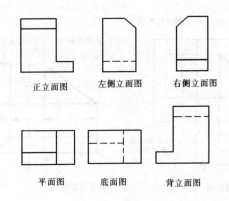

正立面图　　左侧立面图　　右侧立面图

平面图　　底面图　　背立面图

图 2-35　视图配置

果会和平面图前后相反，看起来很不方便，这时可用镜像投影法绘制，镜像投影法是将投影面看做一面镜子（图 2-36a），其图样的前后、左右位置与平面图完全相同，但应在图名后注写"镜像"二字（图 2-36b），或按图 2-36（c）画出镜像投影识别符号，镜像投影法在装饰装修工程绘顶棚图时常用。

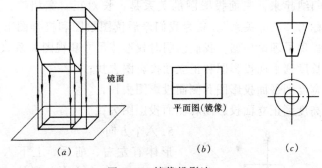

镜面

平面图（镜像）

（a）　　　　　（b）　　　　（c）

图 2-36　镜像投影法

第四节　建筑施工图基本知识

施工图是能直接指导施工的设计图。

一、平面图

平面图分总平面图和建筑平面图。总平面图是说明建筑物所在地理位置和周围环境的平面图。在总平面图上标有建筑物的外形尺寸、坐标、±0.000相当于的绝对标高、建筑物周围地形地物、原有道路、原有建筑、地下管网等。

1．建筑平面图的形成

建筑平面图，是假想用一水平的剖切平面，沿着房屋门窗口的位置，将房屋剖开，拿掉上面部分，对剖切平面以下部分所做出的水平投影图，实际上它是一个房屋的水平全剖面图（图2-37）。

2．建筑平面图的命名和分类

建筑平面图常以剖切部位命名。

（1）底层平面图

底层平面图又称一层平面图或首层平面图。它是所有建筑平面图中首先绘制的一张图，也是内容最多，最重要的一张图，识读各层建筑平面图时也要首先读底层平面图。其中包含有房间名称、门窗位置、尺寸、开启方向等。

（2）中间标准层平面图

由于房屋内部平面布置差异，应该每层都画一个平面图，如二层平面图、三层平面图……。对于一些平面布置相同的楼层可用一张图表示，这样就有"二～五层平面图"、"标准层平面图"。其中包含有房间名称、门窗位置、尺寸、开启方向等。

（3）地下室平面图

如果地下室只有一层则称"地下室平面图"；地下室是多层时就会有"地下室二层平面图"、"地下室三层平面图"……

（4）设备层平面图

楼房设备层则是楼房水暖电设备和管道房间。其平面图就称"设备层平面图"。

（5）屋顶平面图

屋顶平面图是屋顶平面的正投影图，是真正意义的平面图。主要描述屋顶的平面布置。

（6）装饰平面图

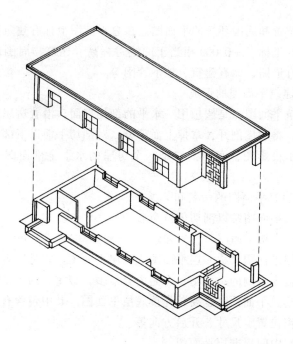

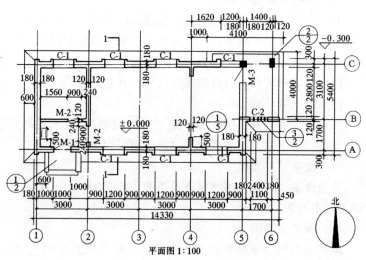

平面图 1:100

图 2-37　平面图的形成

装饰平面图分两种，一种是"楼地面装饰平面图"，另一种是"顶棚装饰平面图"。

二、立面图

1．立面图的形成

立面图是将建筑物各个墙面进行投影所得到的正投影图（图2-38）。

2．立面图的命名

立面图命名有三种

（1）按立面主次命名

把房屋的主要出入口或反映房屋外貌主要特征的立面称为"正立面图"，而把其他立面分别称之为背立面图、左侧立面图和右侧立面图。

（2）按立面的朝向命名

把房屋的各个立面图分别称为南立面图、北立面图、东立面图和西立面图。

（3）按立面图两端的轴线来命名

把房屋立面图分别称为如①～⑦轴立面图、Ⓔ～⑭轴立面图等。

三、剖面图

1．剖面图的形成

剖面图是假想用一个垂直的平面将建筑物切开，移去前面部分，对后面一部分作正投影所得到的视图，如图2-39中的1-1剖面图，有时为了表现内容多一些采用2个平行剖面剖切，如图2-39中的2-2剖面。

2．剖面图的命名

剖面图的剖切位置一般标在平面图上，剖面图以剖切位置的编号命名，如1-1剖面、2-2剖面。

3．局部剖面图

用剖切面局部的剖切形体，叫局部剖，所得剖面图叫局部剖面图。当仅仅需要表达建筑构件的某局部内部形状时，应采用局

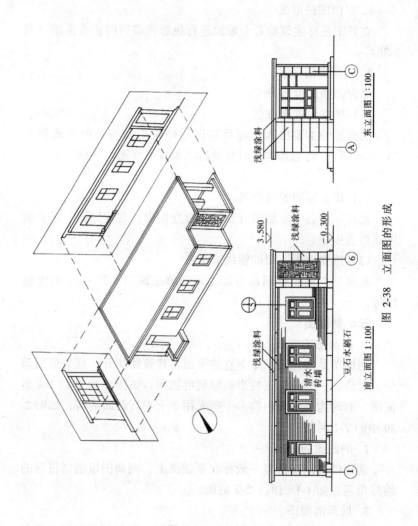

浅绿涂料

东立面图 1:100

3.580

浅绿涂料

-0.300

浅绿涂料

清水砖墙

豆石水刷石

南立面图 1:100

图 2-38 立面图的形成

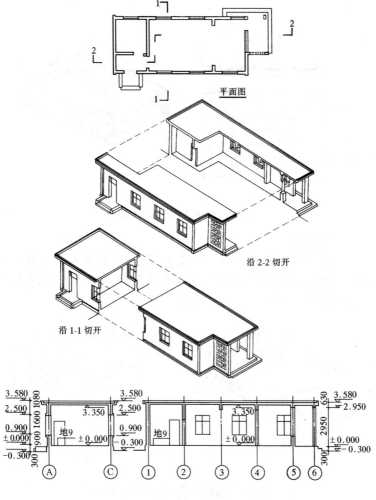

图 2-39　剖面图的形成

部剖。

图 2-40 所示的杯形基础,为了保留较完整的外形,将其水平投影的一角剖开画成局部剖面,以表示基础内部的钢筋配置情况。

4. 分层剖面图

将形体按层次用波浪线隔开,进行剖切,所得剖面图,叫分

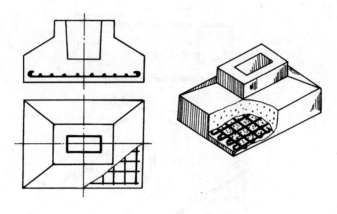

图 2-40　杯形基础局部剖面图

层剖切剖面图。

　　图 2-41 所示的楼层图，是用分层剖切剖面图来表示地面的构造与各层所用材料及做法。分层剖切剖面，常用来表示多层材料做成的建筑构件。

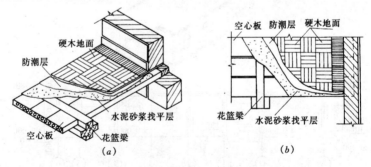

图 2-41　楼层地面分层剖切剖面图
(a) 立体图；(b) 平面图

四、断面图

1. 断面图的形成

　　假想用一剖切面剖切形体，只画出剖切面切到部分的图形，叫断面图。断面的剖切位置，用剖切线位置表示，投影方向用断面编号的注写位置表示；注写在剖切位置线左侧，表示向左；注

46

写在剖切位置线右侧，表示向右。

　　剖面图和断面图的区别：断面图只画剖切到的部位，对于远处能见到的部位不画，剖面图与此相反。图 2-42 是一过梁的图纸，2-2 断面图只画剖到部分，3-3 剖面图除画剖到部分外，还画了未剖到的翼缘。剖到部分用粗实线表示，并画材料符号，未剖到部分用细实线表示。

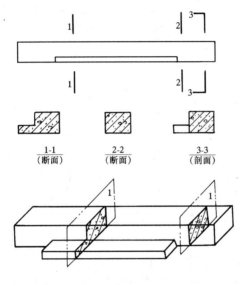

图 2-42　断面图的形成

　　2.断面图的种类

　　（1）移出断面图

　　画在物体视图的轮廓线以外的断面图被称为移出断面（图 2-43）。

　　（2）重合断面图

　　画在投影线以内的断面图称重合断面图。图 2-44 是应用重合断面表示墙壁立面上装饰花纹的凹凸形状。

五、详图

　　建筑详图是建筑细部的施工图。因为建筑平、立、剖面图一

47

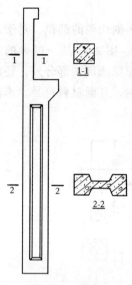

图 2-43 钢筋混凝土牛
腿柱移出断面图

般采用较小的比例绘制，因而某些建筑构配件（如门、窗、楼梯、阳台及各种装饰等）和某些建筑剖面节点（如檐口、窗台、散水、楼地面等）的详细构造（包括式样、层次、做法、材料、尺寸）都无法表达清楚。因此就需要大比例的图样。最常见的就是将建筑剖面图放大，于是就出现了墙身详图（图 2-45）、屋顶详图、地面详图、楼梯详图等。对常见的构造节点、建筑配件也常作成图集。供选择使用。如华北地区标准化办公室编制的"建筑构造通用图集"88J—31 就是外装修构造图集。只要在设计图上使用索引符号或在设计说明中说明采用图集的编号、页数、图号。就能在图集中查到详图。图 2-45 为

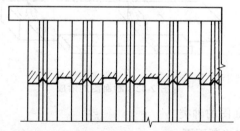

图 2-44 墙壁装饰花纹重合断面图

图 2-37Ⓐ轴线墙身详图。

六、平面图、立面图、剖面图、详图中尺寸和标高标注的规定

1. 建筑平面图中尺寸

总尺寸（建筑物外轮廓尺寸）、细部尺寸（建筑物构配件详细尺寸）均为毛面尺寸，即为非建筑完成面尺寸，也可理解为装

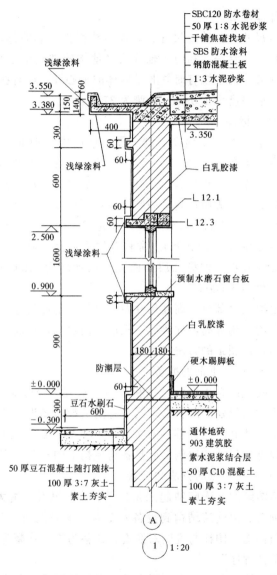

图 2-45　墙身剖面图

饰装修前的尺寸，这时的尺寸一般为结构尺寸，如门窗洞口尺寸、墙体厚度等。

定位尺寸——轴线尺寸，是建筑构配件，如墙体、梁、柱、门窗洞口、洁具等，相应于轴线或其他构配件确定位置的尺寸，但应注意墙体的轴线有时并非是墙体的中心线，如有些外墙的中心线内侧墙厚度为120mm，外侧为370mm。

2．标高标注

建筑平面图、立面图、剖面图、详图中楼地面、地下室地面、阳台、平台、檐口、屋脊、女儿墙、台阶等处的高度尺寸及标高为完成面尺寸及标高，也就是装饰装修完的尺寸及标高，此时结构标高为完成面标高减去装饰装修层厚度。如：钢筋混凝土楼板上有40mm厚的装饰装修层，如完成面标高为3.000m，结构标高则为2.960m（图2-46）。常将首层完成面标高定为±0.000，为相对标高起点。如第二层楼面完成面标高为3.000m，那么首层的层高就为3.000m。

建筑物其余部分，高度尺寸及标高注写毛面尺寸及标高，此时标高即为结构标高。如梁底、板底、门窗洞口标高。

七、识读图纸的方法和步骤

（一）识读图纸前的准备

房屋建筑图是用投影原理和各种图示方法综合应用绘制的。所以，识读房屋建筑图，必须具备一定的投影知识，掌握形体的各种图示方法和制图标准的有关规定；要熟记图中常用的图例、符号、线型、尺寸和比例；要具备房屋构造的有关知识。

（二）识读图纸的方法和步骤

识读图纸的方法归纳起来是："由外向里看、由大到小看、由粗到细看、由建筑结构到设备专业看，平立剖面、几个专业、基本图与详图、图样与说明对照看，化整为零、化繁为简、抓纲带目，坚持程序"。

1．"由外向里看、由大到小看、由粗到细看、由建筑结构到设备专业看"

（1）先查看图纸目录，通过图纸目录看各专业施工图纸有多少张，图纸是否齐全。

（2）看设计说明，对工程在设计和施工要求方面有一概括了

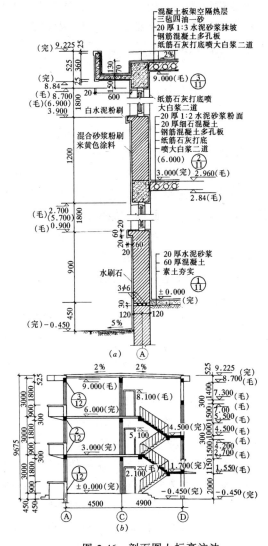

图 2-46　剖面图上标高注法

（a）详图 1:20；（b）剖面图 1:100

解。

（3）按整套图纸目录顺序粗读一遍，对整个工程在头脑中形成概念。如工程的建设地点、周围地形、相邻建筑、工程规模、结构类形、工程主要特点和关键部位等情况，做到心中有数。

（4）按专业次序深入细致地识读基本图。

（5）读详图。

2．"平立剖面、几个专业、基本图与详图、图样与说明对照看"

（1）看立面和剖面图时必须对照平面图才能理解图面内容。

（2）一个工程的几个专业之间是存在着联系的，主体结构是房屋的骨架，装饰装修材料、设备专业的管线都要依附在这个骨架上。看过几个专业的图纸就要在头脑中树立起以这个骨架为核心的房屋整体形象，如想到一面墙就能想到它内部的管线和表面的装饰装修，也就是将几张各专业的图纸在头脑中合成一张。这样也会发现几个专业功能上或占位的矛盾。

（3）详图是基本图的细化，说明是图样的补充，只有反复对照识读才能加深理解。

3．"化整为零、化繁为简、抓纲带目、坚持程序"

（1）当你面对一张线条错踪复杂、文字密密麻麻的图纸时，必须有化繁为简的办法和抓住主要的办法，首先应将图纸分区分块，集中精力一块一块地识读。

（2）按项目，集中精力一项一项地识读，坚持这样的程序读任何复杂的图纸都会变得简单，也不会漏项。

（3）"抓纲带目"有二种含义，一是前面说过的要抓住房屋主体结构这个纲，将装饰装修、设备专业构件材料这些目带动起来，做到"纲举目张"。二是当你识读一张图纸时也必须抓住图纸中要交待的主要问题，如一张详图要表明两个构件的连接，那么这张图纸中这两个构件就是主体，连接是主题，一些螺栓连接，焊接等是实现连接的方法，读图时先看这两个构件，再看螺栓、焊缝。

八、识读建筑平面图、立面图、剖面图、详图的步骤要点

1. 平面图（图 2-37）

（1）看图名、比例，了解该图是哪一层平面图，绘图比例是多少。

（2）看首层平面图上的指北针，了解房屋的朝向。

（3）看房屋平面外形和内墙分隔情况，了解房间用途、数量及相互间联系，如入口、走廊、楼梯和房间的关系。

（4）看首层平面图上室外台阶、花池、散水坡及雨水管的位置。

（5）看图中定位轴线编号及其尺寸。了解承重墙、梁、柱位置及房间开间进深尺寸。

（6）看各房间内部陈设，如卫生间浴盆、洗手盆位置。

（7）看地面标高，包括室内地面标高、室外地面标高、楼梯平台标高等。

（8）看门窗的分布及其编号，了解门窗的位置、类型、数量和尺寸。

（9）在底层平面图上看剖面的剖切符号，了解剖切部位及编号，以便与有关剖面图对照阅读。

（10）查看平面图中的索引符号，以便与有关详图对照查阅。

2. 立面图（图 2-38）

（1）看图名和比例，了解是房面哪一立面的投影，绘图比例是多少。

（2）看房屋立面的外形，以及门窗、屋檐、台阶、阳台、烟囱、雨水管等形状及位置。

（3）看立面图中的标高尺寸，通常立面图中注有室外地坪、出入口地面、勒脚、窗口、大门口及檐口等处标高。

（4）看房屋外墙表面装饰装修的做法，通常用指引线和文字来说明材料和颜色。

（5）查看图上的索引符号，有时在图上用索引符号表明局部剖切的位置。

3．剖面图（图 2-39）

（1）看图名、轴线编号和绘图比例，与首层平面图对照，确定剖切平面的位置及投影方向。

（2）看房屋内部构造，如各层楼板、楼梯、屋面的结构形式、位置及其与墙（柱）的相互关系等。

（3）看房屋各部位的高度，如房屋总高、室外地坪、门窗顶、窗台、檐口等处标高，室内首层地面、各层楼面及楼梯平台的标高。

（4）看楼地面、屋面的构造，在剖面图中表示楼地面、屋面构造时，通常在引出线上列出做法的编号，如地 9，在华北地区"建筑构造通用图集"88J1—X1（2000 版）工程做法上就是铺地砖地面。

（5）看有关部位坡度的标注，如屋面、散水、排水沟等处。

（6）查看图中的索引符号。

4．详图

下面以某通用图集外装修部分为例说明详图识图步骤和要点（图 2-47）。

（1）看图名知道这组图是"仿石、面砖、片石勒脚"的做法。

（2）看立面图索引知道①、⑥、⑥3 个详图分别是勒脚中、上、下部位的详图。

（3）从 3 个详图可知此装修为外墙外保温。通过图例可知墙为砖墙。墙上用聚合物砂浆粘贴 d 厚聚苯板，聚合物砂浆为点式粘贴，但聚合物砂浆成分、厚度、间距均未标注，需查聚合物砂浆操作规程；

从 3 个详图可知聚苯板外表面抹抗裂砂浆找平层，面砖背面抹高粘结性能胶与找平层粘贴；

从⑥图可知勒脚上端突出墙面应在 120mm 以内。并有一定的坡度。突出部位用 ϕ6 胀管螺钉拉住。螺钉上下错开，中心距离 600mm；

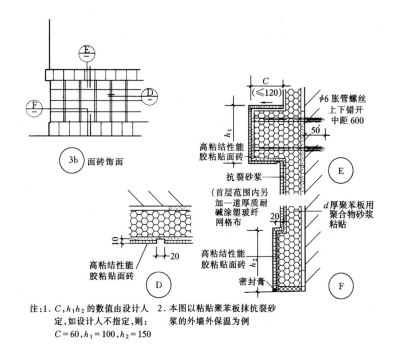

注：1. $C, h_1 h_2$ 的数值由设计人 2. 本图以粘贴聚苯板抹抗裂砂
定，如设计人不指定，则： 浆的外墙外保温为例
$C = 60, h_1 = 100, h_2 = 150$

图 2-47 仿石、面砖、片石勒脚详图

从 Ⓕ 图可知勒脚下端突出墙面 20mm，聚苯板和地面用多孔材料隔开，面砖和地面用密封膏隔开。

第三章 常用材料

选材的基本原则：

1. 建筑装饰装修工程施工过程中所用材料品种、规格和质量符合设计要求和国家现行标准的规定。当设计无要求时，应符合国家现行标准的规定。严禁使用国家明令淘汰的材料。

2. 建筑装饰、装修工程所用材料应符合国家有关建筑装饰装修材料有害物质限量标准规定。燃烧性能应符合现行国家标准的规定。

3. 进现场材料应有产品合格证、性能检测报告、验收记录、复验报告。施工中对材料质量怀疑时，应抽样检查。

第一节 普通水泥

一、水泥的定义

由于水泥是呈粉末状，加水拌和后成可塑性浆体，能把砂石等骨料胶结在一起，硬化成坚硬的人造石材并在空气中硬化，也能在水中硬化，在一定的时间内其强度保持持续增长，故此称之为水硬性胶凝材料。是建筑业拌和混凝土和砂浆的主要材料，我国现行标准的水泥定义：水泥是加水拌和成塑性浆体，能胶结砂石等适当材料并能在空气和水中硬化的粉状水硬性胶凝材料。

二、水泥的特点

1. 水泥是一种水硬性胶凝材料，能在水中凝结硬化产生强度。

2. 水泥掺水后能把砂石骨料胶结在一起，硬化成为坚硬的人造石。

3. 耐久性好，水泥制品不生锈、不老化，年久会碳化。

4.水泥中加入适量水调成浆状，经过一定时间逐渐变稠，失去塑性，称为初凝；开始具有强度时，称为终凝；终凝后强度继续增长，称为硬化。

5.水泥体积的安全性，是指标准稠度的水泥浆，在硬化过程中体积变化是否均匀的性质。

6.具有可塑性，可做成各种形状。

7.材料来源广泛，生产工艺简单。

8.调整组成成分可制成不同强度等级、不同品种的水泥。

9.同型钢、钢筋有良好的粘结力,因此在建筑工程中用量很大。

三、水泥的品种

目前世界上水泥品种已达 200 多种，我国的水泥品种也很多，根据硅酸盐水泥中掺加的混合材料品种和数量将我国的通用水泥分为五大品种，即：硅酸盐水泥、普通硅酸盐水泥、矿渣硅酸盐水泥、火山灰硅酸盐水泥、粉煤灰硅酸盐水泥，而且这五大品种水泥的标准已与国际标准接轨。强度检验已由原来的标号改为强度等级。如硅酸盐水泥，原标号是按规定龄期的抗压和抗折强度划分为：425R、525、525R、625、625R、725R。改为强度等级之后，硅酸盐水泥强度等级按龄期分为：42.5、42.5R、52.5、52.5R、62.5、62.5R。

1.硅酸盐水泥

是我国五大水泥中的第一位，主要成分是硅酸盐熟料加入适量石膏磨细制成的水硬性胶凝材料，其定义为：由硅酸盐水泥熟料 0%~5%石灰石或粒化高炉矿渣，适量石膏磨细制成的水硬性胶凝材料，称为硅酸盐水泥（即国外通称的波特兰水泥）。

硅酸盐水泥有两种类型：Ⅰ类型（代号 P、Ⅰ）不掺混合材料；Ⅱ类型（代号 P、Ⅱ）在硅酸盐水泥粉磨时掺加不超过水泥质量 5%石灰石或粒化高炉矿渣混合材料。

强度等级为：42.5、42.5R、52.5、52.5R、62.5、62.5R。

2.普通硅酸盐水泥

是由硅酸盐水泥熟料 6%~15%混合材料适量石膏磨细制成的

水硬性胶凝材料称为普通硅酸盐水泥(简称普通水泥)代号 P·O。

强度等级：32.5、32.5R、42.5、42.5R、52.5、52.5R。

3．矿渣硅酸盐水泥

是由硅酸盐水泥熟料、粒化高炉矿渣和适量石膏磨细制成的水硬性胶凝材料称为矿渣硅酸盐水泥(简称矿渣水泥)代号 P·S。

强度等级：32.5、32.5R、42.5、42.5R、52.5、52.5R。

4．火山灰质硅酸盐水

是由硅酸盐水泥熟料、火山灰质混合材料和适量石膏磨细制成的水硬性胶凝材料称为火山灰硅酸盐水泥（简称火山灰水泥）代号 P·P。

水泥中火山灰质混合材料掺量按质量百分比计为 20％～50％。

强度等级：32.5、32.5R、42.5、42.5R、52.5、52.5R。

5．粉煤灰硅酸盐水泥

是由硅酸盐水泥熟料、粉煤灰和适量石膏磨细制成的水硬性胶凝材料称为粉煤灰硅酸盐水泥（简称粉煤灰水泥）代号 P·F。

水泥中粉煤灰掺量按质量百分比为 20％～40％。

强度等级：32.5、32.5R、42.5、42.5R、52.5、52.5R。

四、五大品种水泥的主要特征

适用范围和不适用处见表3-1。

五种水泥对比表　　　　　　　表3-1

品种组成	硅酸盐水泥不掺混合料 P·Ⅰ加 P·Ⅱ混合料5％以下 P·Ⅱ	普通硅酸盐水泥以硅酸盐水泥熟料为主允许加 15％以下混合料 P·O	矿渣水泥在硅酸盐水泥料中掺20％～70％矿渣 P·S	火山灰质水泥在硅酸盐水泥熟料中加20％～50％火山灰质混合料 P·P	粉煤灰水泥在硅酸盐水泥熟料中加20％～40％粉煤灰 P·F
代号	P·Ⅰ　P·Ⅱ	P·O	P·S	P·P	P·F
初凝	45min	45min	45min	45min	45min
终凝	6.5h	10h	10h	10h	10h
强度等级	42.5　42.5R 52.5　52.5R 62.5　62.5R	32.5　32.5R 42.5　42.5R 52.5　52.5R	32.5　32.5R 42.5　42.5R 52.5　52.5R	32.5　32.5R 42.5　42.5R 52.5　52.5R	32.5　32.5R 42.5　42.5R 52.5　52.5R

主要特征	1. 快硬早强 2. 水化热高 3. 耐冻性好 4. 耐腐蚀性较差 5. 耐热性较差	1. 早强 2. 水化热较高 3. 耐冻性较好 4. 耐热性较差 5. 耐腐蚀性较差	1. 早强低后期强度增长 2. 水化热较低 3. 耐热性较好 4. 对硫酸盐类侵蚀抵抗和抗水性较好 5. 抗冻性较差 6. 干缩性较大	耐热性较差，抗渗性较好，其他和矿渣水泥相同	干缩性较小，抗碳化能力较差，其他和矿渣水泥相同
适用范围	1. 适用快硬早强工程配制高强度砂浆 2. 抗渗防水砂浆 3. 接缝修补	1. 冬季，干燥环境抹灰 2. 抗渗、耐磨砂浆	配制砌筑砂浆	1. 抗渗砂浆 2. 配制砌筑砂浆	配制砌筑砂浆
不适用处	不宜用于受化学侵入及压力水作用的部位	和硅酸盐水泥相同	1. 不适宜用于早期强度要求较高的抹灰砂浆 2. 不适宜于冬季抹灰使用	1. 不适用于干燥环境的抹灰砂浆 2. 不适用于有耐磨性要求的部位	同矿渣水泥

五、五大品种水泥的质量等级

（1）水泥质量等级划分为优等品、一等品、合格品三个等级。

（2）优等品、一等品的划分从 1997 年新标准已经不再按标号进行，而是通过增加和提高水泥的 3 天抗压强度指标进行划分。

（3）合格品：按我国现行水泥产品标准组织生产水泥实物质量水平必须达到产品标准的要求。

（4）不合格品：凡细度、终凝时间、不溶物和烧失量中的任一项不符合标准规定或混合材料掺加量超过最大限量和强度低于商品强度等级的指标时为不合格品。

六、建筑装饰装修宜选用的水泥品种和强度等级

（1）水泥砂浆地面面层采用水泥宜为硅酸盐水泥、普通硅酸

盐水泥，其强度等级不应小于 42.5。

（2）水磨石地面面层：白色或浅色的水磨石面层应采用白水泥，深色的水磨石面层宜采用硅酸盐水泥、普通硅酸盐水泥或矿渣硅酸盐水泥，其强度等级不应小于 42.5。

（3）板（块）地面铺设的水泥砂浆结合层：宜采用硅酸盐水泥、普通硅酸盐水泥或矿渣硅酸盐水泥，其强度等级不应小于 32.5。

（4）抹灰工程：宜选用普通硅酸盐水泥、矿渣硅酸盐水泥、粉煤灰硅酸盐水泥，其强度等级 32.5。

（5）砌体工程：在抹灰工程选用水泥品种基础上增加火山灰硅酸盐水泥，其强度等级 32.5。

七、水泥进场使用前应注意事项

（1）严防不合格品：凡细度、终凝时间、不溶物和烧失量中的任一项不符合标准规定或混合材料掺加量超过最大限量和强度低于商品强度等级的指标时为不合格品。包装袋标志不清，不全也为不合格品。

（2）水泥进入施工现场时必须有出厂合格证或进场试验报告，包装袋上应清楚标明：产品名称、代号、净含量、强度等级、生产许可证编号、生产者名称和地址、出厂编号、执行标准号、包装年月日。掺火山灰质混合材料的普通水泥还应标上"掺火山灰"字样。包装袋两侧应印有水泥名称和强度等级，硅酸盐水泥和普通水泥的印刷采用红字，如果水泥袋上标志不全也属于不合格品。（袋装水泥、每袋重 50kg）

散装运输时应提交与袋装标志相同的卡片。

（3）水泥在使用前一律应分批对其凝结时间、强度、安定性进行复验，检验批应以同一生产厂家、同一编号同进场日期 200t 以内为一批。

（4）不同品种水泥不得混用。

（5）水泥在运输与贮存时不得受潮和混入杂物，不同品种和强度等级的水泥应分别贮运，不得混杂。

（6）当水泥在使用中对质量有怀疑或水泥出厂超过三个月

（快硬硅酸盐水泥超过一个月）时,应复查试验,并按其结果使用。

第二节　白水泥与彩色水泥

一、白色硅酸盐水泥

1. 定义

由氧化铁含量少的硅酸盐水泥熟料加入适量石膏磨细制成的水硬性胶凝材料，称为白色硅酸盐水泥（简称白水泥）。

2. 标号（目前还未改为 ISO 水泥胶砂强度检验方法）

分为 325，425，525，625 四个标号。

3. 特性

早期强度比较低,色泽洁白,用作装饰材料后要加强养护,以减少微裂缝的产生和提高强度,从而使装饰效果和耐久性更好。

4. 适用范围

主要用作建筑装饰材料,可配制彩色浆,制作白色或彩色混凝土,作雕塑制品、人造大理石、人造花岗石、彩色水磨石、水刷石、斩假石等制品。

5. 白水泥的白度

分为特级、一级、二级、三级、四个等级，其白度不得低于表 3-2 所列数值。

白色硅酸盐水泥的白度指标　　　　　　　　　　表 3-2

等级	特级	一级	二级	三级
白度（%）	86	84	80	75

6. 质量标准

按《白色硅酸盐水泥》（GB2015—91）标准规定白水泥分优等品、一等品、合格品，白水泥应满足以下要求：

（1）熟料氧化镁的含量 $\leqslant 4.5\%$。

（2）水泥三氧化硫含量 $\leqslant 3.5\%$。

（3）水泥细度 0.080mm 方孔筛余 $\leqslant 10\%$。

（4）水泥初凝不早于 45min，终凝不得迟于 12h。

（5）安定性合格。

（6）白水泥强度不低于表 3-3。

白水泥强度指标   表 3-3

水泥标号	抗压强度			抗折强度		
	3d	7d	28d	3d	7d	28d
325	14.0	20.0	32.5	2.5	3.5	5.5
425	18.0	26.5	42.5	3.5	4.5	6.5

二、彩色硅酸盐水泥

1. 定义

由白色硅酸盐水泥熟料、石膏和颜料、外加剂（防水剂、保水剂、增塑剂等）共同粉磨而成的一种水硬性彩色胶凝材料，称之为彩色水泥。

2. 对掺入颜料性质的要求

在露置于光和大气中能耐久，稳定，不溶于水，分散好，抗碱性强，不含杂质，化学组成不会受水泥影响，也不会对水泥的性能起破坏作用，价格适宜。常用的无机颜料有氧化铁（红、黄、褐、黑色），二氧化锰（黑、褐色），氧化铬（绿色），钴蓝（蓝色）等。

3. 适用范围

建筑装饰，如地面、楼板、楼梯、墙、柱等的水磨石，斩假石，雕塑工艺制品等。

4. 质量指标

彩色水泥执行白色水泥的标准。

三、彩色水泥（包括白水泥）在应用中注意事项

（1）在制备混凝土时粗细骨料宜采用白色或彩色大理石、石灰石、石英砂和各种颜色石屑，不能掺合其他杂质，以免影响其白度及色彩。

（2）为防止表面白霜，骨料颗粒级配要调整合适，在无损于

和易性的范围内尽可能减少用水量，尽可能使水泥砂浆或混凝土密实或掺用能够与白霜成分发生化学反应（如碳酸铵等）或形成防水层（如石蜡乳液）的外加剂。

（3）彩色水泥如果现场配制一定混合均匀。所用颜料以无机颜料为好，耐晒、耐雨淋不易褪色。

第三节　石灰、建筑石膏、粉刷石膏、水玻璃

一、石灰

1. 概述

石灰在我国使用有着很久的历史，由于生产石灰的原料分布很广，生产简单，使用方便，成本低廉，并且有良好的性能，因此石灰是建筑工程中应用很广泛的气硬性胶结材料。

2. 石灰的技术性质与应用

（1）保水性好

石灰含水后，具有较强的保水性（即材料保持水分不泌出的能力）。利用这一性质，将其掺入水泥砂浆中，配合成混合砂浆，克服了水泥砂浆容易泌水的缺点。

（2）凝结硬化慢

石灰是硬化缓慢的材料，因空气中二氧化碳气稀薄（0.03%），碳化甚为缓慢。而且表面碳化后形成紧密外壳，不利于碳化作用的深入，也不利于内部水分的蒸发。因此石灰硬化缓慢，同时石灰的硬化只能在空气中进行。

（3）耐水性差

受潮后强度更低，在水中还会溶解溃散。所以石灰不宜在潮湿环境下使用，也不宜用于重要建筑物基础。

（4）石灰收缩大不宜单独使用

石灰在硬化过程中，蒸发大量的游离水而引起显著的收缩，所以除调成石灰乳作薄层涂刷外，不宜单独使用。掺入砂子和麻刀、纸筋等，防止收缩。

（5）石灰膏不宜脱水过速

抹灰前先将基层浇水湿润，以免石灰浆脱水过速成为干粉丧失胶结能力。

（6）稳定性差

石灰是碱性材料与酸性物质接触时容易发生化学反应，生成新物质。特别是潮湿环境中容易与二氧化碳作用生成碳酸钙，称为"碳化"失去粘结能力。所以块状生石灰存放时间不宜超过一个月。

（7）储存

1）生石灰要注意防火，因为熟化生石灰时放出大量的热容易引起火灾。

2）不宜存放在潮湿地方，最好是干燥的仓库内。

3）有强烈的腐蚀性，不得放在木板上。

（8）石灰的应用

多用于拌制砌筑砂浆和抹灰砂浆。一般都具有较好的合易性。可配制高强度等级砌体砂浆，也可配制成石灰砂浆、水泥混合砂浆、麻刀灰、纸筋灰等。

3．石灰分类（按加工方法）

（1）块状生石灰

是由含碳酸钙较多的石灰石经高温煅烧而成的气硬性胶凝材料。主要成分是氧化钙、氧化镁，其中氧化钙含量大于 75%，氧化镁含量在 10%～25% 之间。生石灰一般为白色或黄灰色块状，密度均在 800～1000kg/m³ 之间。

（2）磨细生石灰粉

将块状生灰经碾磨细加工而成的成品为生石灰粉。它快干、强度大、不膨胀，便于运输和冬季施工，使用方便、价格低，适用于一般工程和水下浇筑，可代替低强度水泥和石膏粉。

（3）熟石灰

将生灰（块灰）淋以适量的水，经过熟化作用后所得的粉末称为消石灰粉，也称为熟石灰或水化石灰。生石灰在空气吸收湿气而产生的粉末，均称为熟石灰。

（4）石灰膏

将生灰（块灰）加水淋在池内沉淀成灰膏。熟化时间常温下不少于 15d。用于罩面灰时不少于 30d。

二、建筑石膏

1. 概述

建筑石膏是用天然二水石膏（亦称生石膏）经低温（107~170℃）煅烧，分解为半水石膏，经磨细而成。

2. 建筑石膏的技术性质

（1）建筑石膏（半水石膏）的相对密度为 2.6~2.75kg/m³，密度在磨细的散粒状态下为 800~1000kg/m³。

（2）石膏凝结快，在掺水后几分钟开始凝结。产生强度，终凝时间不超过 30min，石膏的凝结时间根据工程情况可以调整，欲加速，可掺入食盐或少量磨细的未经煅烧的石膏；欲缓慢，则可掺入为水量 0.1%~0.2%的胶或亚硫酸盐酒精废渣、硼砂等。

（3）建筑石膏凝结时不收缩，反而出现约 1%的膨胀，因此硬化时不出现裂纹，可以单独使用。

（4）建筑石膏的耐水性和抗冻性较差，因为建筑石膏遇水结晶溶解而引起破坏，吸水后受冻，将因孔隙中水分结冰而崩裂。

（5）耐火性强，当遇到 100℃以上的温度时结晶水脱出，这部分水约占全部制品质量的 21%左右，蒸发的水蒸气形成汽幕。

（6）贮存期不宜过长，一般贮存三个月后，强度约降低 30%左右。运输与贮存期，应防止受潮。

3. 建筑石膏的应用

建筑石膏适宜用于室内装饰、隔热保温、吸音防火等，但不宜靠近 65℃以上高温，因为二水石膏在 125℃以上将开始脱水分解，建筑石膏一般做成石膏抹面灰浆。石膏花饰、线条、石膏墙板。也可用做模型塑像、美术雕塑、人造石及抹灰等，高强石膏可供制成人造大理石、石膏板等。不宜用于 65℃以上的地方。

三、粉刷石膏

（1）粉刷石膏是将石膏原材料和一些辅料按一定配方经专用

生产设备加工制成。它是一种代替传统抹灰工艺和材料的新型抹灰材料，与传统抹灰材料相比其优点是操作简便、表面光洁不掉粉、粘结牢固不空鼓、强度高、不裂纹、能保温、耐热、隔声、防火、作业效率高、可一次成活，并易于二次装修，可减少抹灰厚度，具有呼吸功能，可调节室内温度，本品无毒且可抑菌。

（2）常用粉刷石膏按其用途分为面层、底层、保温层粉刷石膏三种，根据不同的墙体选用其中任何一种，均可达到理想的装饰效果，粉刷石膏按强度又可分为优等品、一等品、合格品三个等级。底层粉刷石膏特别适用于各种砌块砌筑的墙体及顶棚抹灰。面层粉刷石膏特别适用于墙体和顶棚抹灰及砂浆基底的罩面，既可手工抹灰，亦可机械喷涂。保温层粉刷石膏主要用于外墙内保温抹灰。

近几年一些厂家根据不同的基层研制了不同的粉刷石膏，已形成系列产品，更好地解决了一些基层抹灰易空鼓、开裂的难题。

四、水玻璃

1. 概述

水玻璃也是一种气硬性胶凝材料，为黏稠液体。是将硅酸钠溶于水而制成，故叫做可溶性水玻璃。水玻璃与普通玻璃的区别为能溶于水，之后又能在空气中硬化。水玻璃是一种矿物胶，与有机胶相比既不燃烧也不腐朽。因为能溶于水，稀稠密度可根据需要随意调解。

制造水玻璃的原料为石英砂（SiO_2）与纯碱（Na_2CO_3），该二项的重量比，称为水玻璃的硅酸盐模数，通常为 2.0～3.5。随着硅酸盐模数的提高，水玻璃的黏度增加，可溶性降低。

2. 水玻璃的技术性能与应用

（1）水玻璃具有高度的耐酸性能，它能经受大多数无机酸和有机酸的作用。因此常用作耐酸材料，如调制耐酸砂浆、耐酸混凝土等。

（2）水玻璃常用作耐热砂浆、耐热混凝土。

（3）水玻璃具有良好的粘结能力。硬化时析出的硅酸胶能堵

66

塞毛细孔，防止水分渗透，可用作防水涂料。

(4) 加固石材土壤、加固混凝土结构及砖石砌体等。

(5) 做膨胀珍珠岩、膨胀蛭石等保温材料制品的胶凝材料。

第四节　建筑用砂与砾石

一、定义

1. 天然砂

由自然分化水流搬运和分选堆积形成的，粒径小于 4.75mm 的岩石颗粒，但不包括软质岩、风化岩石的颗粒。

2. 人工砂

经除土处理的机制砂、混合砂的统称。

机制砂：由机械破碎、筛分制成的粒径小于 4.75mm 的岩石颗粒，但不包括软质岩、风化岩石的颗粒。

二、分类与规格

1. 分类

砂按产源分为天然砂、人工砂两类。

天然砂：包括河砂、湖砂、山砂、淡化海砂。

人工砂：包括机械砂、混合砂。

2. 规格

砂按细度模数分为粗、中、细三种规格，其细度模数分别为：粗：3.7 ~ 3.1，中：3.0 ~ 2.3，细：2.2 ~ 1.6。

3. 类别

砂按技术要求分为Ⅰ类、Ⅱ类、Ⅲ类。

4. 用途

Ⅰ类砂宜用于强度等级大于 C60 的混凝土。

Ⅱ类砂宜用于强度等级 C30 ~ C60 及抗冻、抗渗或其他技术要求的混凝土。

Ⅲ类宜用于强度等级小于 C30 的混凝土和建筑砂浆。

5. 技术要求

（1）颗粒级配：砂的颗粒级配应符合表3-4

砂 颗 粒 级 配　　　　　表 3-4

级配区 累计筛余（%） 方筛孔	Ⅰ	Ⅱ	Ⅲ
9.50mm	0	0	0
4.75mm	10~0	10~0	10~0
2.36mm	35~5	25~0	15~0
1.18mm	65~35	50~10	25~0
600μm	85~71	70~41	40~16
300μm	95~80	92~70	85~55
150μm	100~90	100~90	100~90

1）砂的实际颗粒与表中所列数字相比，除4.75mm和600μm筛档外可以略有超出，但超出总量应小于5%。

2）Ⅰ区人工砂中150μm筛孔的累计筛余可以放宽到100%~85%；Ⅱ区人工砂中150μm筛孔的累计筛余可以放宽到100%~80%；Ⅲ区人工砂中150μm筛孔的累计筛余可以放宽到100%~75%。

（2）含泥量：石粉含量和泥块含量

1）天然砂：含泥量（按质量计）%　Ⅰ类<1.0　Ⅱ类<3.0　Ⅲ类<5.0

2）天然砂：含块泥量（按质量计）%　Ⅰ类0　Ⅱ类<1.0　Ⅲ类<2.0

3）人工砂的石粉含量和泥块含量:应检测石粉含量、泥块含量。

石粉含量：Ⅰ类<3%　Ⅱ类<5%　Ⅲ类<7%

泥块含量：Ⅰ类0　Ⅱ类<1%　Ⅲ类<2%

（3）有害物质：砂不应混有草根、树叶、树枝、塑料、煤块、炉渣等杂物。

云母含量：Ⅰ类<1%　Ⅱ类<2%　Ⅲ类<2%

轻 物 质：Ⅰ类<1%　Ⅱ类<1%　Ⅲ类<1%

硫化物及硫酸盐（按SO$_3$质量计）：Ⅰ、Ⅱ、Ⅲ类均<0.5%

氯化物（以氯离子质量计）：Ⅰ类<0.01%　Ⅱ类<0.02%

Ⅲ类＜0.06％

三、石英砂

1.种类

分为天然石英砂、人造石英砂、机制石英砂三种。

（1）天然石英砂：由石英岩天然风化而成的。

（2）人造和机械石英砂：即将石英岩加以焙烧经过人工或机械破碎筛分而成。它比天然石英砂质量要好,纯净二氧化硅含量高。

2.在建筑工程上的应用

多用于配制耐腐蚀砂浆,用于耐腐蚀及耐火材料。

四、砾石又称卵石,是自然条件形成的。粒径大于5mm,主要用于水刷石面层及楼地面。

第五节　常用的墙体材料

我国的"秦砖汉瓦"经过几千年历史,已不适应现在的高楼大厦,重量大,占用土地多,摆脱不了手工操作,劳动强度大,施工效率低,功能性差,严重的阻碍了建筑工程施工的机械化、装配化。自国务院［1992］66号文件下达后,全国各地纷纷研制并生产了各式各样的新型墙体材料。因此,墙体改革是当前房屋建筑施工技术改革的一项重要任务。

墙体改革的技术方面,主要是发展轻质、高强、空心、大块、保温、隔热、隔声、无污染的墙体材料,力求减轻建筑物自重,实现机械化、装配化,提高功能标准,体现持续发展,提高劳动力效率。

为了不用或少用黏土砖,近年全国各地生产了许多新的墙体材料,简要介绍以下几种（目前还缺少全国统一的材质规范,该文多以北京地区为例）。

一、黏土空心砖

以黏土为主要材料,经焙烧而成的空心砖。

1.规格

目前定型规格为240mm×240mm×115mm三孔空心砖，辅砖采用240mm×115mm×115mm多孔砖（图3-1）。

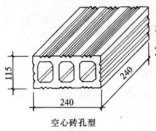

空心砖孔型

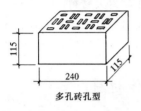

多孔砖孔型

图3-1 黏土空心砖

可以组砌成240mm、360mm厚空心砖外墙和115mm厚的空心砖隔断墙及255(260)mm聚苯夹心空心砖外墙。

2．技术性能

（1）强度等级≥3.0MPa

（2）密度≤1100kg/m³

（3）孔洞率≥40%

（4）抗冻性能:经15次冻融循环合格

（5）吸水率≤25%

（6）热阻值：360mm厚空心砖外墙其热阻值相当普通实心490mm厚砖墙。

3．适用范围

适用于非承重部位，如以黏土空心砖做填充墙和隔墙的框架结构,地面以下或防潮层以下的砌体不应采用。以民用建筑为主。

二、轻集料混凝土小空心砌块

1．规格

共5个宽度系列，15种规格。具体为：

宽度：290mm，240mm，190mm，140mm及90mm。

长度：主规格为390mm，辅助规格190mm及90mm。

高度：一律为190mm。

见小型空心砌块规格表（表3-5）。

		小型空心砌块规格表	表3-5
砌块系列	砌块编号	规格尺寸（mm） （长×宽×高）	块形示意
290 系 列	294	390×290×190	4

砌块系列	砌块编号	规格尺寸（mm）（长 × 宽 × 高）	块形示意
290 系列	292	190 × 290 × 190	
	291	90 × 290 × 190	
240 系列	244	390 × 240 × 190	
	242	190 × 240 × 190	
	241	90 × 240 × 190	
190 系列	194	390 × 190 × 190	
	192	190 × 190 × 190	
	191	90 × 190 × 190	
140 系列	144	390 × 140 × 190	
	142	190 × 140 × 190	
	141	90 × 140 × 190	

砌块系列	砌块编号	规格尺寸 mm （长×宽×高）	块形示意
90 系 列	94	390×90×190	
	92	190×90×190	
	91	90×90×190	

注：1. 各种规格砌块底面均有盲孔，1号砌块的盲孔在砌块一侧。

2. 砌块孔形尺寸参见附录一。

注：砌块的编号以其宽度及长度表示，宽度在前，长度在后。长度取建筑模数 1Mo（100mm）的倍数。例如"294"表示砌块宽 290mm，长 390mm（代号 4）；"242"表示宽 240mm，长 190mm（代号 2）。

2. 砌块孔形及使用部位

（1）宽度 290mm 砌块为三排孔或四排孔，一般用于外墙。

（2）宽度 240mm 砌块为三排孔或四排孔，一般用于外墙。

（3）宽度 190mm 砌块为双排孔或三排孔，用于外墙与宽度 90mm 的砌块组合砌筑或用于较高的空旷建筑内墙及楼梯间墙等。

（4）宽度 140mm 砌块为单排孔用于内墙。

（5）宽度 90mm 砌块为单排，用于内墙或组合外墙。

3. 砌块性能指标

（1）强度等级 MU2.5 密度 ≤8kN/m³（集料为陶粒时，强度等级可降低为 2.0）。

（2）热工性能应达到（表3-6）。

砌体热工性能不低于下表　　　　表 3-6

墙厚 （mm）	名称	热阻 （m²K/W）	墙厚 （mm）	名称	热阻 （m²K/W）	墙厚 （mm）	名称	热阻 （m²K/W）
290	空心砌块 （两面抹灰）	0.75	240	空心砌块 （两面抹灰）	0.605	300 组合厚	空心砌块 （两面抹灰）	0.765

（3）抗冻性能经 25 次冻融循环不出现破坏情况。

（4）吸水率经浸水试验不大于22%。

（5）放射物含量应检测，必须低于国家限制标准。

（6）砌体耐火极限参考值（表3-7）。

砌体耐火极限参考值 表3-7

墙厚 mm	二级耐火极限（h）	
（300） 290 240	防火墙	4.0
190	楼梯间墙	2.5
90	疏散走道的两侧隔墙	1.0

4. 适用范围

适用于框架结构空心砌块作为填充墙的民用建筑工程。

三、普通混凝土小型砌块

用于低层或多层混凝土小型空心砌块住宅建筑及相近的民用建筑承重墙体与隔断墙体。

1. 规格

均采用单排通孔型按宽度分为190mm和90mm两个系列。此外，根据清水外墙的需要提供了洞口块、转角块和贴面块。

以上两个系列是根据北京市"普通混凝土小型空心砌块建筑墙体构造"图。可以在满足砌块外壁厚不小于30mm，肋厚不小于25mm，砌筑后芯柱截面不小于120mm×120mm的前提下，适当调整细部尺寸和增减辅助砌块的规格。

2. 质量要求

（1）普通小砌块的强度等级，依设计选定。MU5.0～MU20，装饰小型砌块 MU10.0～MU20.0。

（2）小砌块的等级和标记、原材料、技术要求、试验方法和检验规则应符合规范规定。

（3）小砌块的尺寸允许偏差，外观质量宜采用优等品。

（4）主要物理性能应符合表3-8（是根据北京地区测定的，仅供参考）。

线性收缩率（%）	相对含水率（%）	抗渗性水面下降高度	抗冻性	
			一般环境	干湿交替环境
≤0.03	≤40	≤10mm	15D	25D

注：1. 相对含水率系在年平均相对湿度 50%～75% 环境条件下指标；
　　2. 抗冻性指标：强度损失≤25%，质量损失≤5%；
　　3. 用于清水墙抗渗性指标，应三件试件中任何一块＞10mm 者为不合格；
　　4. 耐火、隔声性能应满足设计要求，并符合相关规范标准。

3. 说明

该项普通混凝土小型砌块是依据北京市试用图京 99SJ35 "普通混凝土空心砌块建筑墙体构造"图集编写的。

由于小型混凝土空心砌块是一种新型墙体材料，近年来在全国各地迅速推广。这种材料具有节能、节地、高强、易施工等多项优点，是实心黏土砖较为理想的替代品。

但是通过几年的实践也发现这种新型墙体材料在使用性能上还普遍存在着一些待解决的问题，其中最突出的是墙体的保温、隔热性能。所以目前还在研究、完善过程中。

四、加气混凝土砌块

1. 规格

三种长×高（600mm×250mm，600mm×300mm，600mm×200mm）

二种厚度模数制（25 和 60）进位的加气混凝土砌块，常用厚度为 100mm，150mm，200mm，250mm，300mm。

2. 密度

分为 500kg/m³，600kg/m³，700kg/m³ 三个级别。

3. 加气混凝土砌块墙如无切实有效的措施，不得在以下部位使用

（1）建筑物 ±0.000 以下。

（2）长期浸水或经常受干湿交替部位。

（3）受化学环境浸蚀如强酸、强碱或高浓度二氧化碳等的环境。

（4）高温环境（80℃以上）。

4. 加气混凝土砌块用作外墙时应特别注意以下方面

（1）其外表面应做饰面保护层。

（2）外墙水平方面的线脚和突出部位，应做好防水、泛水和

滴水，避免墙面干湿交替或局部冻融破坏。

（3）构造要合理，加强整体性，避免开裂。

（4）选择墙厚依据热工计算和避免结露。

第六节　陶瓷墙、地砖

陶瓷：系陶器与瓷器两大类产品的统称。目前采用的原料已扩大到化工原料和合成矿物，组成范围也延伸到无机非金属材料的范畴中。自古以来就是建筑物的装饰材料之一，随着科技的飞速发展，它的花色品种、性能都有了极大的变化，在实用性、装饰性方面满足了人类日益增长的要求，目前陶瓷墙、地砖在建筑装饰中应用尤为广泛。

一、陶器、瓷器与炻器的区别与特性

1. 陶器

陶质制品为多孔结构，通常吸水率较大，断面粗糙无光，敲击时声粗哑，有施釉和无釉两种制品。根据土质分为粗陶、精陶。粗陶不上釉，即建筑上常用的黏土砖、瓦。精陶一般分二次烧成，吸水率在 12% ~ 22%，室内墙面用的釉面砖多属于此类。

2. 瓷器

瓷器制品的坯体质密，基本不吸水，吸水率小于 0.5%，色洁白、强度高、耐磨性好，有一定的半透明性，其表面多施有釉层（某些特种砖不施釉，甚至颜色不白，但烧结程度很好），又分为粗瓷和细瓷两种。

3. 炻器

炻器制品是介于陶器与瓷器之间的一类产品，也称之为半瓷。我国科技文献中称其为原始瓷器。坯体气孔率很低，介于陶器和瓷器之间。坯体多数都有颜色，且无半透明性。

炻器按其坯体的致密性、均匀性以及粗糙程度分为炻质砖和细炻砖两大类。建筑装饰用的外墙砖、地砖、耐酸化工陶瓷、缸器均属于炻质砖。炻质砖吸水率 $6\% < E \leqslant 10\%$；细炻质砖吸水率 $3\% < E \leqslant 6\%$。

二、产品的分类与用途

按陶瓷砖吸水率等技术性能确定的镶贴部位分类，大体分为室内墙面砖、室内地砖、室外墙面砖、室外地砖四大类。

1．室内墙砖

主要适用于厨房、卫生间和医院等需要经常清洗的室内墙面。常用的品种有浅色、透明，也有选用深色或有浮雕的艺术砖及腰线等。如图3-2。

图3-2　墙面瓷砖

（1）彩釉砖、炻质砖：吸水率在6%～10%之间，干坯施釉一次烧成，颜色丰富，多姿多彩，经济实惠。

（2）釉面砖：分为闪光釉面砖、透明釉面砖、普通釉面砖、浮雕艺术砖、腰线砖（饰线砖）。

1）闪光釉面砖　陶质砖分为结晶釉和砂金釉，其中砂金釉是釉内结晶呈现金子光泽的细结晶的一种特殊釉，因形状与自然界的砂金石相似而得名。

2）透明釉面砖　陶质砖、透明釉面砖是指釉料经高温熔融后生成的无定形玻璃体，坯体本身的颜色能够通过釉层反映出来。

3）普通釉面砖　陶质砖一般为白色分有光、无光两种。吸水率小于22%。

4）浮雕釉面砖　陶质砖是釉上彩绘的一种。

5）腰线砖　用于腰间部位的长条砖。

2．室内地面砖（图3-3）

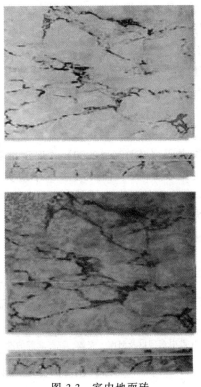

图3-3　室内地面砖

应选择耐磨防滑的地砖，多为瓷质砖，也有陶质砖，经常选用以下几个品种：

（1）有釉、无釉各色地砖：有白色、浅黄、深黄等色调要均匀，砖面平整、抗腐、耐磨。

（2）红地砖：吸水率不大于8%具有一定的吸湿、防潮性，多用于卫生间、游泳池。

（3）瓷质砖：吸水率不大于2%，耐酸耐碱、耐磨度高、抗折强度不小于25MPa适用于人流量大的地面。

（4）陶瓷锦砖：密度高、抗压强度高、耐磨、硬度高、耐酸、耐碱，多用于卫生间、浴室、游泳池和宜清洁的车间等室内外装饰工程。

（5）梯侧砖（又名防滑条）：有多种色或单色，带斑点，耐磨、防滑，多用于楼梯踏步、台阶、站台等处。

3．外墙面砖

是指用于建筑物外墙的瓷质或炻质装饰砖，有施釉和不施釉之分，具有不同的质感和颜色。它不仅可以保护建筑物的外墙表面不被大气侵蚀，而且使之美观。

（1）选择室外面砖应注意砖的吸水率要低，依据外墙饰面砖工程施工及验收规程（JGJ126—2000）"规定在我国Ⅰ、Ⅵ、Ⅶ建筑气候地区（见表3-9）饰面砖吸水率不应大于3%，Ⅱ气候区不应大于6%，这都是陶瓷底坯的釉面砖达不到的。减少吸水率的目的就是为了防止雨水透过面砖渗到基层，进入冬季受冻，如此反复，面砖就会脱落。

建筑气候分区表　　　　　　表3-9

气候区号	地　区　名　称
Ⅰ区	黑龙江、吉林全境、辽宁大部、内蒙古中北部、陕西、山西、河北、北京北部的部分区域
Ⅱ区	天津、宁夏、山东全境、北京、河北、山西、陕西大部、辽宁南部、甘肃中东部以及河南、安徽、江苏北部的部分地区
Ⅲ区	上海、浙江、江西、湖北、湖南全境、江苏、安徽、四川大部、陕西、河南南部、贵州东部、福建、广东、广西北部和甘肃南部的部分地区

气候区号	地区名称
Ⅳ区	海南、台湾全境、福建南部、广东、广西大部以及云南西南部
Ⅴ区	云南大部、贵州、四川西南部、西藏南部一小部分地区
Ⅵ区	青海全境、西藏大部、四川西部、甘肃西南部、新疆南部部分地区
Ⅶ区	新疆大部、甘肃北部、内蒙古西部

（2）外墙常用的瓷砖品种

1）由于气候区的划定，外墙面基本上仅能选用瓷质砖，因该砖瓷质坯体致密，基本上不吸水，有一定的半透明性，在有的地区也可以适当选用气孔率很低的炻器坯体砖。

2）外墙饰面砖宜采用背面有燕尾槽的产品。

3）应选用符合以上条件的瓷质砖和彩釉砖。其中包括：瓷质彩釉砖（全瓷釉面砖）、线砖（表面有突起线纹、有釉、有黄绿等色）、立体彩釉砖（表面有釉做成各种立体图案）、瓷质渗花抛光砖（仿大理石砖）、瓷质仿古砖（仿花岗岩饰面砖），陶瓷锦砖（马赛克），劈离砖等。

外墙面砖多为矩形，其尺寸接近于普通黏土砖侧面和顶面尺寸。而釉面砖大多为方形，近年也开始生产长方形。在厚度上较外墙面砖薄。

三、规格尺寸

1. 陶瓷面砖常用的规格尺寸见表 3-10。

陶 瓷 砖 规 格   表 3-10

项目	彩釉砖	釉面砖	瓷质砖	劈离砖	红地砖
规格尺寸 （mm）	100×200×7	152×152×5	200×300×8	240×240×16	100×100×10
	200×200×8	100×200×5.5	300×300×9	240×115×16	152×152×10
	200×300×9	150×250×5.5	400×400×9	240×53×8	
	300×300×9	200×200×6	500×500×11		
	400×400×9	200×300×7	600×600×12		
	异型尺寸	异型尺寸	异型尺寸	异型尺寸	异型尺寸

2. 装饰砖常用的规格尺寸见表 3-11。

品种	常用尺寸（mm）	基本特点	执行标准	适用范围
腰线砖 （饰线砖）	100×300 100×250 100×200 50×200	以条形状镶嵌于室内墙面，有画龙点睛、烘云托月之效果	GBT4100—1999 （陶质砖）	内墙面
浮雕艺术砖 （花片）	200×300 200×250 200×200	印花装饰或浮雕人物、山水加彩描金，具有画龙点睛、烘托环境的效果	GBT4100.5—1999 （陶质砖）	内墙面

3．陶瓷外墙砖常用的规格尺寸

外墙砖一般以长方形为主，也有正方形和其他几何形状制品。

外墙砖的规格通常有：200mm×100mm×12mm，150mm×75mm×12mm，75mm×75mm×8mm，108mm×108mm×8mm，150mm×30mm×8mm，200mm×50mm×8mm 等，施工单位比较欢迎用 100mm×200mm。

4．釉面砖专用配件

（1）规格

釉面砖专用配件规格 表 3-12

编号	名称	规格（mm）				
		长	宽	厚	圆弧	半径
P1	压顶条	152	38	6	—	9
P2	压顶阳角	—	38	6	22	9
P3	压顶阴角	—	38	6	22	9
P4	阳角条	152	—	6	22	—
P5	阴角条	152	—	6	22	—
P6	阳角条—端圆	152	—	6	22	12
P7	阴角条—端圆	152	—	6	22	12
P8	阳角座	50	—	6	22	—
P9	阴角座	50	—	6	22	—
P10	阳三角	—	—	6	22	—
P11	阴三角	—	—	6	22	—
P12	腰线砖	152	25	6	—	—

（2）选砖样框图形如图 3-4。

（3）釉面砖专用配件如图 3-5。

5．陶瓷锦砖

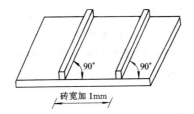

砖宽加 1mm

图 3-4 选砖样框

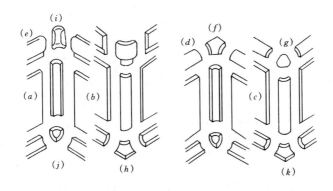

图 3-5 釉面砖专用配件图

(a)平边(方口砖);(b)两边圆;(c)一边圆;(d)阴阳角件;(e)压顶条;(f)阴五角;(g)阳三角;(h)阳五角;(i)压顶阴角;(j)阴三角;(k)压顶阳角

　　陶瓷锦砖俗称(陶瓷)马赛克,分为有釉、无釉两种。经焙烧而成的锦砖形态各异具有多种色彩,长边一般不大于 50mm,不便于施工。因此必须经过铺贴工序,把单块的锦砖按一定的规格尺寸和图案铺贴在牛皮纸上,每张约 300mm 见方,其面积约为0.093m²,每 40 联为一箱,每箱约 3.7m²。以此作为成品运往施工工地进行铺贴(图 3-6)。

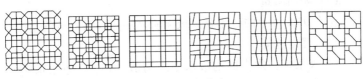

图 3-6 陶瓷锦砖

四、产品质量标准

（一）釉面砖的产品质量标准

釉面砖产品的技术要求为尺寸一致（选砖框图 3-4）、颜色均匀、边缘整齐、棱角完好、无凹凸扭曲、裂纹、夹心、脱釉等现象。

1. 釉面内墙砖

是陶质产品，吸水率大于 10％。

（1）尺寸偏差

1）长度、宽度和厚度允许偏差见表 3-13。

釉面内墙砖长度、宽度和厚度允许偏差   表 3-13

尺寸允许偏差/%	类别	无间隔凸缘	有间隔凸缘
长度、宽度	每块砖（2 或 4 条边）的平均尺寸对于工作尺寸的允许偏差①	$L \leqslant 12cm$；±0.75 $L > 12cm$；±0.50	+0.60 −0.30
	每块砖（2 或 4 条边）的平均尺寸相对于 10 块试样（20 或 40 条边）平均尺寸的允许偏差①	$L \leqslant 12cm$；±0.50 $L > 12cm$；±0.30	±0.25
厚度	每块砖厚度的平均相对于工作尺寸厚度的最大允许偏差	±10.0	±10.0

注：砖可以有一条或几条上釉边。

2）模数砖名义尺寸连接宽度为 1.5～5mm，非模数砖工作尺寸与名义尺寸之间偏差不大于 ±2mm 特殊要求的尺寸偏差可由供需双方协商。

3）边直角、直角度和表面平整度同彩色釉面砖的标准。

（2）表面质量

应有 95％以上的砖主要区域无明显缺陷，无明显色差。

（3）理化性能

1）吸水率：陶瓷砖的吸水率平均值 ＞10％，单个值不小于 9％，当平均值 ＞20％时，生产厂家应予说明。

2）破坏强度和断裂模数

（A）破坏强度

厚度≥7.5mm破坏强度平均值不小于600N；

厚度<7.5mm破坏强度平均值不小于200N。

（B）断裂模数（不适于破坏强度≥3000N的砖），陶瓷砖断裂模数平均值不小于15MPa。单个值不小于12MPa。

3）抗釉裂性：经抗釉裂试验后，釉面无裂纹或剥落。

4）釉面耐化学腐蚀性：由供需双方商定。

2. 彩色釉面墙地砖

分为炻质瓷陶瓷砖（0.5%＜吸水率≤3%）与细炻质陶瓷砖（3%＜吸水率≤6%）均为干压法工艺生产。

（1）炻瓷质陶瓷砖：

1）尺寸允许偏差：

（A）长度、宽度和厚度允许偏差见表3-14。

砖长度、宽度和厚度允许偏差　　　　　表3-14

允许偏差/% ＼ 产品表面面积 S/cm^2		$S \leqslant 90$	$90 < S \leqslant 190$	$190 < S \leqslant 410$	$410 < S \leqslant 1600$	$S > 1600$
长度、宽度	每块砖（2或4条边）的平均尺寸相对于工作尺寸的允许偏差	±1.2	±1.0	±0.75	±0.6	±0.5
	每块砖（2或4条边）的平均尺寸相对于地10块试样（20或40条边）平均尺寸的允许偏差	±0.75	±0.5	±0.5	±0.4	±0.3
厚度	每块砖厚度的平均值相对于工作尺寸厚度的最大允许偏差	±10.0	±10.0	±5.0	±5.0	±5.0

（B）模数砖名义尺寸连接宽度为2～5mm，非模数砖工作尺寸与名义尺寸之间的偏差不大于2%（最大±5mm）特殊要求的尺寸偏差由供需双方协商。

（C）边直度、直角度和表面平整度见表3-15。

<table>
<tr><th rowspan="3">允许偏差/%</th><th colspan="2">产品表面面积 S/cm²</th><th colspan="2">S ≤ 90</th><th colspan="2">90 < S ≤ 190</th><th colspan="2">190 < S ≤ 410</th><th colspan="2">190 < S ≤ 410</th><th colspan="2">410 < S ≤ 1600</th><th colspan="2">S > 1600</th></tr>
</table>

砖边直度、直角度和表面平整度 　　　表 3-15

允许偏差/%		S ≤ 90		90 < S ≤ 190		190 < S ≤ 410		190 < S ≤ 410		410 < S ≤ 1600		S > 1600	
		优等品	合格品	优等品	合格品	优等品	合格品	优等品	合格品	优等品	合格品	优等品	合格品
边直度[①]（正面）（相对于工作尺寸的最大允许偏差）		±0.50	±0.75	±0.4	±0.5	±0.4	±0.5	±0.4	±0.5	±0.4	±0.5	±0.3	±0.5
直角度[①]（正面）（相对于工作尺寸的最大允许偏差）		±0.70	±1.0	±0.4	±0.6	±0.4	±0.6	±0.4	±0.6	±0.4	±0.6	±0.3	±0.5
表面平整度（相对于工作尺寸的最大允许偏差）	①对于由工作尺寸计算的对角线的中心弯曲度	±0.7	±1.0	±0.4	±0.5	±0.4	±0.5	±0.4	±0.5	±0.4	±0.5	±0.3	±0.4
	②对于由工作尺寸计算的对角线的翘曲度	±0.7	±1.0	±0.4	±0.5	±0.4	±0.5	±0.4	±0.5	±0.4	±0.5	±0.3	±0.4
	③对于由工作尺寸计算的边弯曲度	±0.7	±1.0	±0.4	±0.5	±0.4	±0.5	±0.4	±0.5	±0.4	±0.5	±0.3	±0.4

2）表面质量，至少有95%的砖主要区域无明显缺陷无明显色差。

3）理化性能：

（A）吸水率：陶瓷砖的吸水率平均为 $0.5\% < E \leqslant 3\%$，单个值不大于3.3%。

（B）破坏强度和断裂模数

破坏强度：厚度 ≥ 7.5mm 时破坏强度平均值不小于1100N，

厚度 < 7.5mm 时，破坏强度平均值不小于700N

断裂模数（不适于破坏强度 ≥ 3000N 的砖）陶瓷砖断裂模数平均值不小于30MPa，单个值不小于27MPa

（C）抗热震性：经10次热震试验不出现炸裂或裂纹。

（D）抗釉裂性：经抗釉裂试验后釉面无裂纹或剥落。

（E）抗冻性：经抗冻试验后无裂纹或剥落。

（F）耐磨性：用于铺地有釉砖表面耐磨性报告、磨损等级和试验的转数。

（G）耐化学腐蚀性：经试验不低于 GB 级。

（H）耐污染性：经耐污染试验后不低于 3 级。

（2）细炻质陶瓷砖：

1）尺寸偏差

（A）长度、宽度和厚度允许偏差见表 3-14。

（B）模数砖名义尺寸连接宽度为 2～5mm，非模数砖工作尺寸与名义尺寸的偏差不大于 ±2%，（最大 ±5mm）。特殊要求的尺寸偏差可由供需双方协商。

（C）边直角、直角度和表面平整度见表 3-15。

2）表面质量：至少有 95% 砖主要区域无明显缺陷，无明显色差。

3）理化性能：

（A）吸水率：陶瓷砖的吸水率平均值为 $6\% < E \leqslant 10\%$，单个值不大于 11%

（B）破坏强度和断裂模数

（a）破坏强度：厚度 $\geqslant 7.5mm$ 时，破坏强度平均值不小于 800N；厚度 $< 7.5mm$ 时，破坏强度平均值不小于 500N。

（b）断裂模数（不适于破坏强度 $\geqslant 3000N$ 的砖）：陶瓷砖断裂模数平均值不小于 18MPa，单个值不小于 16MPa。

（c）抗热震性、抗釉裂、抗冻性、耐磨性、耐化学腐蚀、耐污染均同炻瓷质陶瓷砖，均通过试验检查有无裂纹，剥落和磨损，腐蚀，污染等级。

3. 瓷质砖

凡是吸水率小于 0.5% 的陶瓷砖均称瓷质砖。主要技术性能如下。

（1）尺寸偏差：

1）长度、宽度和厚度允许偏差见表 3-14。

2）每块抛光砖（2或4条砖）的平均尺寸相对于工作尺寸的允许偏差为±1.0mm。

3）模数砖名义尺寸连接宽度为2~5mm，非模数砖工作尺寸与名义尺寸之间的偏差不大于2%（最大±5mm）。特殊要求的尺寸偏差由供需双方协商。

4）边直角、直角度和表面平整度见表3-15。

（2）表面质量

至少有95%的砖主要区域无明显缺陷，无明显色差。

（3）理化性能

1）吸水率：陶瓷砖的吸水率平均值不大于0.5%，单个值不大于0.6%。

2）破坏强度和断裂模数

（A）破坏强度：厚度＞7.5mm时，破坏强度平均值不小于1300N；厚度＜7.5mm时，破坏强度平均值不小于700N。

（B）断裂模数（不适于破坏强度＞3000N的砖）：陶瓷砖断裂模数平均值不小于35MPa，单个值不小于32MPa。

3）抗热震性，抗釉裂性、抗冻性的试验及试验后的要求与彩色釉面砖相同。

4）抛光砖光泽度：抛光砖的光泽度不低于55。

5）耐磨性

（A）无釉砖：耐深度磨损体积不大于175mm^3。

（B）有釉砖：供需双方协商。

6）耐化学腐蚀性，耐污染性与彩色釉面砖相同。

4.劈离砖的技术性能

（1）尺寸偏差，见表3-16。

劈离砖尺寸偏差　　　　　　　　　　　　　表3-16

基本尺寸/mm		尺寸允许偏差/mm
边长	$L < 100$	±1.2
	$100 \leqslant L < 150$	±1.5
	$150 \leqslant L < 200$	±2.0
	$L \geqslant 200$	±2.5

基 本 尺 寸/mm		尺寸允许偏差/mm
厚度	$d \leqslant 12$	± 1.2
	$d > 12$	± 1.5

（2）外观质量及允许变形误差，见表 3-17。

劈离砖外观质量　　　表 3-17

缺陷名称①	优等品	一级品	合格品
缺釉、斑点、裂纹、落脏、棕眼、熔洞、釉缕、釉泡、磕碰波纹、坯粉	距离砖面1m处目测，有可见缺陷的砖数不超过5%	距离砖面2m处目测，有可见缺陷的砖数不超过5%	距离砖面3m处目测，有可见缺陷的砖数不超过5%
色差	距离砖面3m处目测不明显	距离砖面4m目测不明显	距离砖面5m目测不明显
开裂	不允许	不允许	不允许

①表面起装饰作用的麻面，凸起等不算作缺陷；产品背面不允许有影响使用效果的缺陷，如劈离不齐，肋条残留等。

（3）物理性能

1）吸水率：不大于6%。

2）耐急冷急热：试验不出现炸裂或裂纹。

3）抗冻性能：经20次冻融循环不出现裂纹或釉面剥落。

4）弯曲强度：平均值不小于20MPa，单个值不小于18MPa。

5）耐磨性：无釉砖体积磨损不超过400mm³；有釉砖供需双方商定。

6）耐化学腐蚀性

（A）耐酸性：无釉砖侵蚀后其质量损失不得超过4%；有釉砖釉面耐酸等级不得低于B级。

（B）耐碱性：无釉砖侵蚀后其质量损失不得超过10%；有釉砖釉面耐碱等级不得低于B级。

（二）陶瓷锦砖的技术性能特点及产品质量标准

陶瓷锦砖产品，一般出厂前都已按各种图案粘贴在牛皮纸上。每张大小约 30cm 见方，其面积约 0.093m^2 重量约为 0.65kg 每 40 张为一箱，每箱约 3.7m^2。

1．技术性能特点

陶瓷锦砖图案美观，色泽持久，质地坚硬，抗压强度高，耐污染、耐酸、耐碱、耐磨、耐水、抗火、抗冻、不吸水、不滑、易清洗、坚固耐用、造价低。

2．陶瓷锦砖经常出现下列产品问题

（1）色差过大：即同一批号、同品种锦砖的颜色不一致，首先可从整个生产控制着手保证锦砖的颜色基本一致。

（2）线路不均：（两块锦砖之间的距离称之为线路）往往由于单块锦砖尺寸上的误差与贴纸的膨胀、收缩不一致造成单块组合之后线路不通畅。

（3）粘结剂不匀：易造成纸膨胀不一致和粘结不牢。

（4）贴纸不端正：纸应在锦砖四周边缘距离不得小于 2mm 为保证每联四边的砖与纸结合牢固。

3．产品质量标准

（1）尺寸偏差每联锦砖线路：联长的尺寸允许公差，见表 3-18。

陶瓷锦砖尺寸偏差

表 3-18

项　　目	尺寸/mm	允许偏差/mm	
		优等品	合格品
长　　度	≤25.0 >25.0	±0.5	±1.0
厚　　度	4.0 4.5 >4.5	±0.2	±0.4
线　　路	2.0～5.0	±0.6	±1.0
联　　长	284.0 295.0 305.0 325.0	+2.5 -0.5	+3.5 -1.0

注：特殊要求的尺寸偏差可由供需双方协商。

陶瓷锦砖按质量要求分为优等品和合格品二个等级。

（2）外观质量

分为最大边长不大于 25mm 和最大边长大于 25mm 的外观缺陷允许范围。一律不允许有夹层、釉裂、开裂等，其他表面缺陷不明显。

（3）吸水率

无釉锦砖的吸水率不大于 0.2%，有釉锦砖吸水率不大于 1.0%。

（4）耐急冷急热性

在温差（140±2）℃下热交换一次不裂；对无釉锦砖不作要求。

（5）成联质量要求

不允许有锦砖脱落。不允许铺贴纸露出。

（6）正面贴纸锦砖的脱纸时间不大于 40min。

（7）色差

联内及联间锦砖色差，优等品目测基本一致；合格品目测稍有色差。

（三）挤压陶瓷砖

挤压陶瓷砖分为细炻砖（吸水率 $3\% < E \leqslant 6\%$）和炻质砖（吸水率 $6\% < E \leqslant 10\%$）新修订的标准 JC/T457.3—2002 与 JC/T 457.4—2002 从 2002 年 12 月 1 日开始实施。

新标准与 JC/T 457—1992 "陶瓷劈离砖"的主要技术差异是：尺寸偏差、表面质量、抗冻性和抗热震性等指标严于该标准，并增加了破坏强度，抗釉裂性、地砖摩擦系数，耐污染性、抗冲击性和小色差等技术要求：

1. 尺寸允许偏差

（1）产品规格、长度、宽度和厚度允许偏差应符合表 3-19 的规定：

（2）模数砖名义尺寸连接宽度应为 3～11mm，非模数砖工作尺寸与名义尺寸之间的允许偏差为 ±3mm；

长度、宽度、厚度允许偏差　　　　表 3-19

尺寸	允许偏差	炻 质 砖		细 炻 砖	
		精细	普通	精细	普通
长度和宽度	每块砖（2 或 4 条边）的平均尺寸相对于工作尺寸的允许偏差	±2.0% 最大±2mm	±2.0% 最大±4mm	±1.25% 最大±2mm	±2.0% 最大±4mm
	每块砖（2 或 4 条边）的平均尺寸相对于 10 块砖（20 或 40 条边）平均尺寸的允许偏差	±1.5%	±1.5%	±1.0%	±1.5%
厚度	每块砖厚度的平均值相对于工作尺寸厚度的最大允许偏差	±10%	±10%	±10%	±10%

（3）边直度、直角度和表面平整度应符合表 3-20。

直角度、边直度和表面平整度允许偏差　　表 3-20

边直度、直角度和表面平整度	炻质砖允许偏差%		细炻砖允许偏差%	
	精细	普通	精细	普通
边直度 * （正面）相对于工作尺寸的最大允许偏差 * 注：不适用于有弯曲形状的砖	±1.0	±1.0	±0.5	±0.6
直角度 * （正面）相对于工作尺寸的最大允许偏差 * 注：不适用于有弯曲形状的砖	±1.0	±1.0	±1.0	±1.0
表面平整度相对于工作尺寸的最大允许偏差 a）对于由工作尺寸计算的对角线的中心弯曲度 b）对于由工作尺寸计算的边弯曲度 c）对于由工作尺寸计算的对角线的翘曲度	±1.0 ±1.0 ±1.5	±1.5 ±1.5 ±1.5	±0.5 ±0.5 ±0.8	±1.5 ±1.5 ±1.5

2．表面质量

至少有 95％的砖主要区域无明显缺陷。

3．物理性能

（1）吸水率

细炻砖的吸水率平均值为 3％ < $E \leqslant 6\%$ 单个值不大于 6.5％。

炻质砖的吸水率平均值为 $6\% < E \leqslant 10\%$ 单个值不大于 11.0%。

（2）破坏强度

细炻砖：厚度 $\geqslant 7.5mm$ 破坏强度平均值不小于 950N

厚度 $< 7.5mm$ 破坏强度平均值不小于 600N

炻质砖：破坏强度不小于 900N

（3）断裂模数（不适用破坏强度 $\geqslant 3000N$ 的砖）

细炻砖断裂模数平均值不小于 $20N/mm^2$ 单个值不小于 $18N/mm^2$。

炻质砖断裂模数平均值不小于 $17.5N/mm^2$ 单个值不小于 $15N/mm^2$。

（4）抗热震性、抗釉裂性、抗冻性、均经试验后报告结果。

（5）耐磨性

细炻砖和炻质砖的无釉砖耐深度磨损体积分别不大于 $393mm^3$ 和 $649mm^3$。

用于铺地砖的釉面砖表面耐磨性试验后报告磨损等级和转数。

（6）抗冲击性

线性热膨胀系数，湿膨胀，小色差，化学性能等均通过试验报告确定。

第七节 天 然 石 材

一、概述

石材的应用已有几千年的辉煌历史，从已有记载的石器时代的蜂巢开始，到目前基本上可分为三个阶段：

第一个阶段：由于它有较好的结构构件性，又是极好的装饰材料，而且还可以雕刻，所以几千年之前就以结构构件使用在建筑物上，如埃及的金字塔。

第二个阶段：从应用火山灰制成天然混凝土开始，建筑造型更自由化，出现了石材贴面，如罗马的泰搭斯凯旋门，混凝土浇筑外贴白色大理石板材，同时也出现了铺砌大理石地面，开始了石材向装饰制品转移。

第三个阶段：是现在科技飞速发展促进人造石材的问世，人造石材更具有随意性，具有品种多、强度高、重量轻、美观节约能源等优点。

我国石材资源十分丰富，应用已有几千年的历史。由于社会封闭，从石材开采、加工、安装、雕刻、琢磨都有自己独特的工艺和许多卓越的技术成就，如四川的都江堰、乐山大佛、北京三大殿的基台栏杆等等都是早年的石雕建筑。

最近几年由于石材有鲜明的个性和强烈的艺术感染力，石材已不仅仅用于高楼大厦的外立面，而且用于室内，目前已进入百姓的居室、住宅。我国自改革以来，石材的开采年增长 30%，成为我国建材工业发展最快的产业之一。目前的产量已居世界第二位，年使用量是世界第三位。我们不仅能加工各种曲面，而且能切割 3~5mm 的薄板（图 3-7）。

石材安装工艺也由传统的连挂代混凝土或水泥砂浆浇筑的湿作业向粘贴和干挂转移，目前我国外檐干挂已突破百米大关。干挂消除了湿作业占用工期长、污染源多，提高了防水、防震、隔热效能，加快了施工进度，施工也不再受季节的影响。

当前进入电脑时代，为切割、排版配备了电子数控，保证石材的几何尺寸、几何造型和光洁度，近期又引入水切技术和工艺，石材可以被切割成任意曲线，而且边角光滑，目前由于成本高还没有广泛应用（图 3-8）。

目前，意大利仍然是石材开采、加工技术领先的国家之一。最近义推出了石材护理技术。通过护理保持石材的色泽和光洁度。例如：用一种特殊树脂涂在石材表面形成一层 0.1mm 厚的透明薄膜，具有很好的防护性，耐磨、耐老化，保护层可达数年之久。相应地开发了地板磨抛光技术和手提式的异形石材加工设备，在施工现场使用极为方便。现在意大利流行一种新的地板石材装铺技术，采用先铺后磨的方法，而且光洁度可以达到 90°，

图 3-7　石材切割薄板图

消除了板材边口上的毛刺和接缝的不平，消除折射光，如同一块整板，该磨光机还不需要多次更换磨垫，而是粗磨、细磨一次完成。

二、天然石材、建筑石材、装饰石材与饰面石材、饰面板材的定义

（1）天然石材：是指从天然岩体中开采出来，并经加工成块状材料的总称。

（2）建筑石材：具有一定的物理、化学性能可用作建筑材料的岩石。是脆性材料，密度大、抗折强度小，吸水率小。

（3）装饰石材：具有装饰性能的建筑石材，加工后可供建筑

图 3-8　石材几何造型图

装饰用。

（4）饰面石材：用来加工饰面板材的石材。

（5）饰面板材：用饰面石材加工成的板材。

三、石材的放射性应给予充分的重视

1. 检测

1998 年国家质量技术监督局曾组织国家建材局、建材产品及建材用工业废渣放射性监督检测中心对我国的石材产品的放射性进行了国家监督抽查。对北京、河北、辽宁、新疆、内蒙古、山东、湖北、福建、四川、广东、广西的 61 家企业的 108 种产

品进行了检测。抽查覆盖了全国石材加工生产的主要地区，包括来自印度、南非、意大利的荒料进行加工的石材产品。抽查结果基本上可以反映目前我国石材产品的放射性问题。

最终结果：合格产品79种，占抽样的73.1%，也就是说还有26.9%的抽样产品不合格。其中某一些产品超标幅度高于标准控制值的5倍。根据抽查结果反映出以下几个特点：

（1）大理石的放射性较低，并且它对其他材料的放射性还有很好的屏蔽保护作用。该次抽查放射性的结果大理石全部合格。

（2）花岗石的放射性较高，该次抽查的超标石材全部是花岗石。

（3）南方地区的花岗石产品超标的相对较多。

（4）红色及深红色产品相对超标的较多，如：杜鹃红、枫叶红、三宝红等。

（5）国外进口的南非红、印度红都超标。

2.分类控制使用

一些石材产品虽然存在着放射性因素，但是通常放射剂量都很小。一般不会危及人体健康，只要通过科学的仪器检测合格的产品还是可以放心大胆的使用。根据1993年颁发的强制性行业标准《天然石材产品放射防护分类控制标准》（JC518—93）以及2001年颁发的"关于实施室内装饰装修材料有害物质限量，10项强制性国家标准的通知"中的《建筑材料放射性核素限量》（GB6566—2001）。还有《民用建筑工程室内环境污染控制规范》（GB50325—2001）均按镭当量浓度，把石材放射性分为A、B、C三类，其中A类产品使用范围不受限制；B类产品不可用于居室、医院、幼儿园、教室的室内饰面，但可用于一般其他公用建筑的室内外饰面；C类产品可用于一切建筑物的外饰面。因此购买石材时千万不要忘记索取产品的放射性合格证。

3.有关建筑装饰、装修规范的要求

(1)《民用建筑工程室内环境污染控制规范》（GB50325—2001）

的 5.2.1 条强制性条文规定"民用建筑工程中所采用的无机非金属建筑材料和装饰材料必须有放射性指标检测报告，并应符合设计要求和本规范的规定"。

无机非金属材料系指：包括砂、石、砖、水泥、商品混凝土、预制构件和新型墙体材料等。

（2）《建筑装饰装修工程质量验收规范》（GB50210—2001）的 3.2.3 条强制性条文规定"建筑装饰、装修工程所用材料应符合国家有关建筑装饰装修材料有害物质限量标准的规定"。

在 8.1.3 条"饰面板（砖）工程应对下列材料及其性能指标进行复验，其中第一项就是室内花岗石的放射性。

（3）石材进入施工现场必须同时具有产品合格证和性能检测报告。

四、大理石

1. 定义

商业指以大理石为代表的一类装饰石材。包括碳酸盐岩和其他有关的变质岩，主要成分为碳酸盐矿物，一般质地较软。

（1）碳酸岩即石灰岩、白云岩与花岗岩接触热变质或区域变质或区域变质作用而重结晶的产物。

（2）变质岩：原有的岩石经热变作用后形成的岩石。

2. 品种与特征

（1）不同品种的形成与标记

大理石的主要成分为氧化钙，其次是氧化镁，还有微量的氧化硅、氧化铝、氧化铁等。大理石板材的颜色与成分有关。目前我国就有 400 多种，其命名的顺序为：荒料产地地名、花纹色调特征描述大理石。例如：北京房山产的汉白玉，命名为房山汉白玉大理石。

石材的编号仍以规范规定，标记顺序为：编号、类别、规格尺寸、等级、标准号。仍以北京房山汉白玉为例，其标记：M1101 PX 600 × 600 × 20 A JC/T79—2001（注：PX—代表普通板)。

(2)大理石的特征

在底色上有网絮状和条形花纹，质地软。例举以下几种（表3-21）。

举例部分常用的大理石品种、特征　　　　　表 3-21

品种名称	编号	特　征
房山汉白玉	1101	玉白色，微有杂点和花纹
曲阳雪花	47117	乳白，白间有浅灰，有均匀晶体
贵阳残雪	33075	底色全黑，带有网状方解石浮色，富有诗情画意
贵阳晶墨玉	33078	版面全黑，稍带白筋，以"黑桃皇后"著称
丹东绿	9217—1 ~ 2	由淡绿、绿、墨绿、棕黄等色的蛇纹石化镁、橄榄石等组成
莱阳绿	39320	矿石为蛇纹石大理岩，具绿色团块状，杂斑状，打带状，色泽鲜艳
杭灰	18058	深灰色厚层状结晶灰岩，有云雾状美丽图案
黄石铁山虎皮	49042	矿石成层状，有白色、棕色、灰黑色流纹状，灰白色条纹
平山红	47113	鲜红色夹墨点的大理石
宜兴红奶油	17058	在厚层灰岩中以乳白为主，断续地散布有红筋与青筋，光泽度达110度

3.理化性能

（1）大理石密度 $2600 \sim 2700 \text{kg/m}^3$，抗压强度为 $100 \sim 300 \text{MPa}$，抗折强度为 $7.8 \sim 16.0 \text{MPa}$，吸水率小于 1%，耐用年限约 150 年（室内）。

（2）大理石常呈层状，硬度不大，易于开采，加工磨光。纯大理石呈白色，称为汉白玉。由于含有杂质，呈现出美丽的色彩和斑纹是建筑上较贵重的墙、地面装饰材料。

（3）由于大理石一般都含有杂质，其中碳酸钙在大气中受二氧化碳、硫化物和水气的作用，易风化和溶蚀，表面很快失去光泽。所以，除少数的如汉白玉、艾叶青等质纯比较稳定的品种可用于室外，其他品种不宜于室外。

4. 用途

常用于室内墙面、地面、柱面、楼梯的踏步面、服务台台面、卫生间洗手池台面、新开发的石材拉手、扶手等，由于大理石质软、耐磨性差，故在人流较大的场所不宜作为地面装饰材料（见图 3-9）。

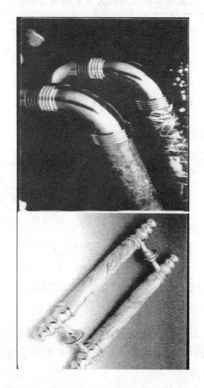

图 3-9　石材拉手

5. 按加工形状分类

（1）普形板（PX）：正方形或长方形的板材。

（2）圆弧板（HM）：装饰面轮廓线的曲率半径处处相同的饰面板材（图 3-10）。

（3）异形板（YX）：普形板和圆弧板之外的其他形状的板

材。

6. 大理石质量检验

（1）文件资料、产品合格证、性能检测报告。

（2）包装上的标志应齐全。

（3）按普形板规格尺寸偏差、平面度公差、角度公差及外观质量将板材分为优等品（A）、一等品（B）、合格品（C）三个等级。

1）普形板规格尺寸允许偏差见表3-22。

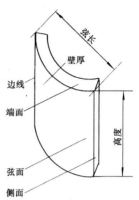

图 3-10　圆弧板材图

普形板规格尺寸允许偏差（mm）　　　表 3-22

项目		等　级		
		优等品	一等品	二等品
长度　宽度		0 −1.0	0 −1.0	0 −1.5
厚度	≤12	±0.5	±0.8	±1.0
	>12	±1.0	±1.5	±2.0

2）普形板平面度允许公差，见表3-23。

普形板平面度允许公差（mm）　　　表 3-23

板材长度（L）	优等品	一等品	合格品
L ≤ 400	0.20	0.30	0.50
400 < L ≤ 800	0.50	0.60	0.80
L > 800	0.70	0.80	1.00

3）普形板的角度允许公差：

板长以小于400mm到大于400mm允许公差分别是0.30~0.40mm，一等品0.40~0.50mm，合格品0.50~0.70mm。

4）普形板、拼缝板材正面与侧面的夹角不得大于90°。

（4）按圆弧板规格尺寸偏差、直线度公差、线轮廓度公差及外观质量将板材分为优等品（A）、一等品（B）、合格品（C）三个等级。

1）圆板弧壁厚最小值不小于18mm，规格尺寸允许偏差，见表3-24。

圆弧板规格尺寸允许偏差（mm）　　　　　表3-24

项　目	等　级		
	优等品	一等品	合格品
弦长	0 －1.0	0 －1.0	0 －1.5
高度	0 －1.0	0 －1.0	0 －1.5

2）圆弧板直线度与线轮廓度允许公差，见表3-25。

圆弧板直线度与线轮廓度允许公差　　　　　表3-25

项目		分类与等级		
		优等品	一等品	合格品
直线度 （按板材高度）	≤800	0.60	0.80	1.00
	＞800	0.80	1.00	1.20
线轮廓度		0.80	1.00	1.20

3）圆弧板端面角度允许公差：优等品0.40mm，一等品为0.60mm，合格品为0.80mm。

4）圆弧板侧面角不应小于90°。

（5）外观质量

1）同一批板材的色调应基本调和，花纹基本一致。

2）板材允许粘结和修补。粘结和修补后应不影响板材的装饰效果和物理性能。

3）板材正面的外观缺陷的质量要求应符合3-26。

板材正面的外观缺陷质量要求　　　　　表3-26

名称	规定内容	优等品	一等品	合格品
裂纹	长度超过10mm的不允许条款		0	
缺棱	长度超过8mm，宽度不超过1.5mm（长度≤4m，宽度≤1mm不计），每米允许个数（个）	0	1	2

名称	规定内容	优等品	一等品	合格品
缺角	沿板材边长顺延方向，长度≤3mm，宽度≤3mm（长度≤2mm，宽度≤2mm不计）每块板允许个数（个）	0	1	2
色斑	面积超过6cm²（面积小于2cm²不计）每块板允许个数（个）			
砂眼	直径在2mm以下		不明显	有，不影响装饰效果

7. 大理石定形板材规格，表3-27。

大理石定形板材规格 表 3-27

规范范围	规格尺寸（mm）								
长	300	300	400	400	600	600	900	1070	1200
宽	150	300	200	400	300	600	600	750	600
厚	20	20	20	20	20	20	20	20	20
长	1200	305	305	610	610	915	1067	1220	
宽	900	152	305	305	610	610	762	915	
厚	20	20	20	20	20	20	20	20	

8. 标志、包装、运输与贮存

（1）标志

1）包装箱上应标明企业名称、商标、标记，须有"向上"和"小心轻放"的标志。

2）对安装顺序有要求的板材，应标明安装顺序号。

（2）包装

1）包装不允许使用易染色的材料。

2）按板材品种、等级分别包装，并附产品合格证，其内容包括产品名称、规格、等级、批号、检验员、出厂日期。

3）包括应满足在正常情况下安全装卸、运输的要求。

（3）运输

应防潮，严禁滚摔、碰撞，应轻拿轻放。

（4）贮存

1）板材应在室内贮存，室外贮存应加遮盖。

2）板宜直立码放，应光面相对，倾斜度不大于15°，层间加垫，高不超过1.5m。

3）板不应直接立在地面上，应有垫板，雨季应有排水，不允许集水。

4）按板材品种、规格、等级或安装部位的编号分别码放。

五、花岗石

1. 定义

商业上指以花岗岩为代表的一类装饰石材，包括各类岩浆岩和花岗质的变质岩，一般质地较硬。

（1）花岗岩：主要由石英、长石、云母和少量其他深色矿物组成的深成酸性岩浆岩。

（2）岩浆岩：由岩浆冷凝而形成的岩石。

2. 品种与特征

（1）不同品种的形成与标记：花岗石其矿物组成主要包括长石、石英（二氧化硅含量达65%～75%）及少量的云母组成。构造致密，呈整体的均粒状结构，结晶颗粒大小随地区不同而不同，可分为"伟晶"、"粗晶"和"细晶"三种。其颜色主要是正常石的颜色和少量云母及深色矿物的分布而定，经加工磨光后，形成色泽深浅不同的斑点状的光泽美丽的纹理。没有大理石的絮状花纹，所以与大理石非常容易区别。

1）红色系列：贵妃红、中国红、樱花红、万山红、平谷红、玫瑰红、兴隆红、柳埠红、平邑红、崂山红、章丘红、文登红、马山红、玛瑙红、雁荡红、牡丹红、饶红等。

2）黄红色系列：虎皮红、兴泽桔红、岭溪桔红、连州浅红、兴泽桃红、平谷桃红、珊瑚红等。

3）青色系列：黑云母、济南青、珍珠黑、蒙古黑、芝麻黑等。

4）白色系列：珍珠白、白喻、芝麻白、大花白、瑞雪、黑白花等。

（2）品种命名：板材的名称标记顺序为：命名、分类、规格尺寸、等级、标准号。用山东济南黑色花岗石荒料生产的 400mm ×400mm×20mm、普型、镜面、优等品板材示例。

命名：济南青花岗石（前面是地区名称，后面是颜色）。

标记：济南青（G）N PL 400×400×20 – A JC205

G—花岗石代号

PL—镜板材标记

A—优等品

JC205—采用的规范标准

（3）花岗石的特征是具有结构致密、质地坚硬、密度大、耐磨性好、吸水率小、耐冻性强、外观晶粒细小，并分布着繁星般云母点和闪闪发光的石英结晶。

3．理化性能

（1）优点

1）花岗石密度大约为 2500～2700kg/m³。

2）抗压强度不小于 60MPa，抗折强度 8.5～15MPa。

3）吸水率小于 1%。

4）光泽度可达 100～120 度，应不低于 75 光泽单位，镜面板材的正面应具有镜面光泽，能清晰地反映出景物。

（2）缺点

1）自重大，用于房屋会增加建筑物的重量。

2）硬度大，不易开采加工。

3）质脆、耐火性差，当温度超过 800℃以上时体积膨胀造成石材炸裂，失去强度。

4．分类

（1）按加工的形状分类

1）普形板（PX）。

2）圆弧板（HM）：装饰面轮廓线的曲率半径处处相同的饰面板材。

3）异形板（YX）：普形板和圆弧板之外的其他形状的板材。

（2）按表面加工程序分类

1）细面板材（RB）：表面平整、光滑的板材。

2）镜面板材（PL）：表面平整，具有镜光泽的板材。

3）粗面板材（RU）：表面平整、粗糙，具有较规则的加条纹的机刨板、剁斧板、锤击板、烧毛板等。

5．用途

是建筑装饰材料中的贵重材料，多用于高档的建筑工程，如宾馆饭店、酒楼、商场的室内外墙面、柱面、墙裙、地面、楼梯、台阶、踢脚、拦杆、扶手、踏步、水池水槽、造型面、门拉手、扶手的装饰，还有吧台、服务台、收款台、展示台等。

6．花岗石质量检验

（1）文件资料：产品合格证、性能检测报告。

（2）包装上的标志应齐全。

（3）等级与质量标准。

按板材规格尺寸允许偏差、平面度允许极限公差、角度允许极度公差、外观质量分为优等品（A）、一等品（B）、合格品（C）三个等级。

7．花岗石板材的通用规格见表3-28。

花岗石板材通用规格　　　　　　表3-28

长（mm）	300	400	600	600	900	1070	305	610	610	915	1067
宽（mm）	300	400	300	600	600	750	305	305	610	610	762
厚（mm）	20	20	20	20	20	20	20	20	20	20	20

8．标志包括运输与贮存（参考大理石的对应标准）。

第八节　人造石材

一、概述

人造石材是指人造大理石、人造花岗石和水磨石等。人造的建筑装饰板块材料，属于聚酯混凝土或水泥混凝土系列。人造石的花纹、图案、色泽可以人为控制，是理想的装饰材料，它不仅质轻、强度高，而且耐磨蚀、耐污染、施工方便，这几年发展很快。在国外已有40多年历史，我国还是刚刚起步，但是目前我国生产厂家已经很多，随着建筑业的飞速发展我国人造大理石、花岗石工业将会出现一个崭新的局面。

二、分类

1．水泥型人造大理石

以硅酸盐水泥或铝酸盐水泥为粘结剂，以砂为细骨料、碎大理石、花岗岩、工业废渣等为粗骨料，经配制、搅拌、成型、加压蒸养、磨光抛光而成。

这种人造大理石表面光泽度高，花纹耐久，抗风化能力、耐火性、防潮性都优于一般人造大理石。

2．树脂型人造大理石

以不饱合聚酯为粘结剂与石英砂、大理石、方解石粉等搅拌混合浇筑成型，在固化剂作用下产生固化作用，经脱模、烘干、抛光等工序而制成。这种方法国际上比较流行。产品的光泽好、颜色浅，可调成不同的鲜明颜色，这种树脂黏度低、易成型、固化快，可在常温下固化。

3．复合型人造大理石

这种板材底层用价格低廉而性能稳定的无机材料，面层用聚酯和大理石粉制作。无机材料可用各种水泥，有机单体可用甲基丙烯酸甲酯、醋酸乙烯、丙烯腈等。这些单体可以单独使用，可组合使用，也可以与聚合物混合使用。

4．烧结人造大理石

这种方法与陶瓷工艺相似。

以上四种方法中，最常用的是聚酯型，物理、化学性能都好，花纹容易设计，适应多种用途，但价格高。水泥型价格最低，但耐腐蚀性能相对较差，易出现微龟裂；复合型则综合了前两种方法的优点，有良好的物理性能，成本也较低；烧结型虽然只用黏土作粘结剂，但要经高温焙烧，因而能耗大，造价高。

三、物理性能

聚酯型人造大理石的物理性能 表 3-29

抗折强度 （MPa）	抗压强度 （MPa）	冲击强度 （J/cm²）	表面硬度 （巴氏）	表面光泽度 （度）	密度 （g/cm³）	吸水率 （%）	线膨胀系数 （×10⁻⁵℃）
38.0 左右	> 100	15 左右	40 左右	> 80	2.10 左右	< 0.1	2～3

表面抗污染性、耐久性和可加工性都是比较理想的材料。

四、通常使用的规格（树酯型）

100mm × 200mm × 7mm

150mm × 300mm × 7mm

300mm × 300mm × 10mm

400mm × 200mm × 10mm

另外也有 400mm × 200mm × 8mm，500mm × 250mm × 10mm，600mm × 300mm × 10mm。通常使用，但还没进入定型产品，加工时可协商。

以上板一般是一面抛光、四边倒角、厚度允许误差为0.5mm。薄板的背面等距离开三条深度为 2～3mm 的槽，以便安装时增加粘接力。

五、质量验收标准

（1）文件资料：产品合格证、性能检测报告。

（2）质量等级划分：分为一等品和二等品，其划分的方法依据产品的外观尺寸、平整度、角度和棱角状况。

（3）产品不允许有明显的砂眼，不允许有贯穿的裂纹。

（4）光泽度要求一等品不小于 85，二等品不小于 75。

（5）用酯、酱油、食油、机油、口红、墨水涂抹不着色。

六、用途

（1）树脂型的，由于树脂在大气中的光、热、电等作用下会加速老化，表面会逐渐失去光泽，变暗、翘曲，故一般用于室内，但是又由于污染问题所以选用时要了解聚合物的品种和性能检查结果。

（2）水泥型的，虽然价格低，但色泽不及树脂型，并且不易用于潮湿或高温环境，所以主要用于一般装饰工程的墙面、地面、墙裙、台面、柱面等是代替水磨石的好材料。

七、水磨石

水磨石是以水泥作为胶凝材料和大理石的石渣经过搅拌浇筑、养护、研磨等工序制成的人造石材。如果在施工现场的使用部位直接生产加工称之为现制水磨石，如果在工厂车间生产加工，而后运送到施工现场安装，称之为预制水磨石，是建筑装饰材料中的一员。

1. 特点

美观、适用、强度高、施工方便、颜色品种多，并可在施工时拼铺成各种不同的图案。

2. 质量标准

（1）等级划分为一级品、二级品。

（2）外形尺寸的极限偏差。一般饰面板长度不允许超过 – 2mm，宽度不允许超过 ± 2mm，厚度是 + 1 ~ – 2mm。平整度是 0.8 ~ 3mm，矩形制品的角度偏差不大于 0.8mm（拼缝时正面与侧面所成角度不大于 90°）。

（3）光泽度：抛光制品不低于 30℃。细磨制品不低于 10℃。

（4）磨光面上不应有明显的棱边缺口。

（5）石渣分布均匀。

（6）每批产品级配和颜色应基本一致。

（7）表面吸水值小于 $0.8g/cm^2$，总吸水率小于 8%。

八、石渣

通常是以水泥作胶凝材料，石渣作骨料，用来作外墙面干粘石水刷石，台阶斧剁石、室内外的水磨石。石渣是由天然大理石、白云石、方解石和花岗石等石块压碎加工而成，其规格一般分为大八厘、中八厘、小八厘，对应直径分别是 8mm、6mm、4mm。粒径最小的称为米粒石，直径约 2mm。

第九节 常用辅助材料

一、抹灰常用的加强材料

加强材料就在抹灰层中起拉结作用，提高抗拉强度，增加抹灰层的弹性和耐久性。

1. 麻刀

即植物麻，坚韧、干燥，不含杂质为好，使用时剪成 20～30mm 长，随用随敲打松散，每 100kg 石灰膏约掺 1kg 即可。

2. 纸筋灰

即用纸加工而成，在淋石灰时，先将纸筋撕碎，除去尘土，用清水浸泡、捣烂、搓绒、漂去黄水，达到洁净、细腻。按100kg 石灰膏掺入 2.7kg 的比例掺入，使用时需要搅拌、打细，过 3mm 孔径筛过。

3. 玻璃丝灰

将玻璃丝切成 10mm 左右长，每 100kg 灰膏掺入 200～300g 玻璃丝搅拌均匀，即成玻璃丝灰。

二、常用的建筑胶粘剂

由于抹灰、镶贴工艺的基层多为混凝土、水泥砂浆、石膏板墙面。对胶粘剂性能的基本要求是：要适应在立体墙壁上作业不滴落，不流坠，有足够的调整时间的特性，要有足够的强度、耐水性、耐候性、耐久性，保证抹灰层以及墙、地砖粘结永久性不脱落。目前常用的有以下几种：

1. 常用于抹灰的胶粘剂

（1）108 胶

108 胶乳液再加水泥及其他辅助材料配制而成的新生型建筑胶，无毒、无味，是原来的 107 胶的理想替代材料，可用于由外墙抹灰、饰面砖粘贴、水泥或石灰膏的批刮，作为胶粘剂和界面剂使用。它粘结力强和易性好，防止龟裂，使用方便。粘结强度 0.35MPa。常温下压剪粘结强度 1.4MPa。冻融后压剪强度

0.71MPa，施工方便，使用时应加 0.5 ~ 1 倍的水稀释。目前有些厂家在 107 胶中少加或不加甲醛，结果降低了粘结力，冒充 108 胶出售，值得用户注意。

（2）白乳胶

白乳胶的学名是乙酸乙烯乳液，是一种乳白色高分子乳液，俗称"白胶"。性能无毒、无臭、无腐蚀、非易燃易爆品。对木材、水泥、陶瓷等有良好的粘结力，本品可在 10 ~ 40℃ 范围内使用。0℃ 以上储存、使用时加水稀释，水量是乳液质量的 1/4 ~ 1/3，水温以 30 ~ 40℃ 为宜。稀释后的乳液不要长期存放，不可与强酸强碱及有机溶液混用，以防破乳。乳液加水后引起黏度下降。干燥时间会延长，粘结强度也会下降。

乳液水泥砂浆配比为　水泥∶乳胶∶砂∶水 = 1∶0.2∶0.25∶适量。该配比适合孔洞的修补。

2. 常用于瓷砖、面板、镶贴工程的胶粘剂

（1）通用型瓷砖胶粘剂

1）说明与特性

以水泥为基料，用聚合物改性的粉状产品，具有耐水性、耐久性、操作方便、价格低廉等优点。

2）用途

适用于在混凝土、砂浆、墙面、地面、石膏板等表面粘贴瓷砖、锦砖、天然或人造石材等。

（2）非滑落型瓷砖胶粘剂

1）说明与特性

以精选填料分散于聚合物乳液中，制成的膏糊状改密胶粘剂，具有高、低温性能好，操作方便，施工效率高等特点。

2）用途

适用于各种内墙面上贴瓷砖，可在厨房、淋浴间使用，但不适于泳池及长期处于潮湿状态的场合。

（3）防水型瓷砖胶粘剂

1）说明与特性

双组分聚合物砂浆型瓷砖粘结剂，使用时直接将两个组分调配为黏稠状。具有高强、耐老化、耐腐蚀等优点。

2）用途

适用于室内外、卫生间、便池等粘贴瓷砖、锦砖。

（4）环保型瓷砖胶（903胶）

1）说明和特性

以水基胶乳为粘料，加入填料及各种助剂配制而成，可直接使用的胶粘剂。不含有机溶剂，具有初粘力强，粘贴材料广泛，使用方便，省力省工等特点。可利用齿抹进行大面积批量贴砖。

2）用途

对各类基面（包括新、旧水泥面）都有良好的粘结性能。

（5）多彩瓷砖勾缝剂

1）说明与特性

具有多种色彩，是瓷砖胶粘剂的配套产品，勾缝不开裂，耐水性好，无毒、无味，使用时将勾缝剂加适量水调至成膏状，静停一定时间后即可使用。

2）用途

用于各种墙、地砖，装饰面勾缝。

三、常用的界面处理剂

由于混凝土基层表面光滑及脱模剂和油污的存在，使混凝土表面粘结性能下降。混凝土界面处理剂是一种水泥砂浆粘结增强剂。可以取代混凝土表面的碱洗及人工凿毛工序，大大减轻了劳动强度。

1．产品分类

A类：双组分，用于砂浆、混凝土等基层抹灰，新老混凝土连接、饰面砖、板粘贴等（墙面材料有轻质和非轻质）涂敷处理。

B类：单组分，用于砂浆、混凝土、墙体材料（包括加气块、砌体等轻质材料）等基层的界面抹灰涂敷处理。

2．品种举例

（1）YJ-303，YJ-302 是混凝土界面处理剂，是双组分，主要成分是以水性环氧乳液为主体，具体配为甲组分：乙组分：石英粉＝1:3:3～5。使用时搅拌成糊状待用，用毛刷将配好的处理剂均匀地涂刷在基层表面，趁未干时立即抹水泥砂浆。

（2）TY-2 型建筑界面剂：主体材料是 VAE 乳液加入多种外加剂而成。施工时配比为水泥：砂子：界面剂：水＝1:2.5:0.5:0.5。搅拌成糊状。

（3）JD-601 混凝土界面粘结剂：主体材料是以白乳胶和其他材料复合而成。施工时配比为水泥：砂：界面剂＝1:1:1，搅拌成糊状。

四、砂浆中常用的外加剂

1．防冻剂（用于抹灰和贴面）

近年黑龙江省寒地建筑科学研究院生产的 SH-2，抹灰砂浆防冻剂为粉剂型、专门用于水泥砂浆、混合砂浆、麻刀灰、纸筋灰、内外墙抹灰、贴瓷砖的冬季施工，SH-2 型除了和易性好，抗冻能力强。还有以下特点：

（1）SH-2 型可掺入普通黏土砖、加气混凝土、混凝土表面抹灰的水泥砂浆、混合砂浆、石灰砂浆、麻刀灰、纸筋灰中，在－5～－15℃条件下施工不受冻。

（2）SH-2 型适用于硅酸盐水泥、普通水泥、矿渣水泥、火山灰水泥、粉煤灰水泥或石灰配制的砂浆。配制砂浆时通过调整拌制水的温度而适应不同湿度条件下施工要求。

（3）SH-2 型掺入水泥砂浆，再掺胶粘剂，在冬季可用来贴面砖。

2．防水剂（见工艺章节中的防水砂浆）

阳离子氯丁胶乳水泥砂浆是以高分子聚合物乳液和水泥胶结材料为基料配制的复合防水砂浆，也称为弹性水泥。抗弯、强度高、粘结力强、抗渗防水性能优异、耐冻融、干缩小，有一定弹性、耐酸碱。适用潮湿基层施工，工艺简单，操作方便。

五、装饰工程选用颜料的要点

主要选用矿物颜料及无机颜料，必须具有高度的磨细度及着色力、遮盖力，用于外饰面还须耐光、耐碱、耐热、耐石灰，不得含有盐类、酸类等物质。

第四章 施工机具

第一节 抹灰机具

一、砂浆搅拌机

（1）主要用于搅拌石灰砂浆、水泥砂浆及水泥石灰砂浆等，按其搅拌方式可分为卧轴式和立轴式，按其卸料方式可分为活门卸料和倾翻卸料，按移动方式可分为固定式和移动式。砂浆搅拌机使用 100h 后应进行一级保养。图 4-1 所示是单卧轴式砂浆搅拌机是倾翻式和可移动式。图 4-2 所示为活门卸料砂浆搅拌机。

图 4-1　倾翻式卸料砂浆搅拌机
1—机架；2—固定销；3—销轴；4—拌料
筒；5—电动机与传动装置；6—卸料手柄

1）品牌：砂浆搅拌机品牌较多，分为 UJ-325GAJF、UJZ-200型、HJ-200 型、UJZ-150 型等。

2）容量：150～325L。

3）搅拌时间：一般 1.5～2min。

4）生产率：2～6m³/h。

5）电动机功率：3kW。

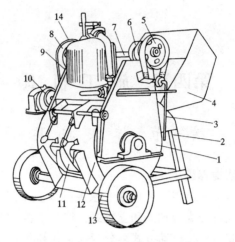

图 4-2　活门卸料砂浆搅拌机

1—拌筒；2—机架；3—料斗升降手柄；4—进料斗；5—制动轮；6—卷扬筒；7—天轴；8—离合器；9—配水箱；10—电动机；11—出料活门；12—卸料手柄；13—行走轮；14—被动链轮

6）整机自重：600～750kg。

（2）加料顺序：掺有水泥的砂浆，必须先将水泥和砂干拌均匀才可以加其他材料和水。掺胶料的砂浆，必须事先将胶料溶于水，再逐渐加入拌筒。

（3）保养：搅拌机工作完后，应清洁、紧固、润滑、调整、防腐，进行日常保养。

二、纸筋灰搅拌机

国产搅拌纸筋灰的机械主要有两种：

一种由搅拌筒和小钢磨两部分组成（图4-3），另一种为搅拌筒内同一轴上分别装有搅拌螺旋片和打灰板（图4-4），二者特性相同，机体的前部为搅拌装置，后部为磨（打）细装置。

三、灰泵

是向远处、高处输送砂浆的机械，有柱塞式和挤压式之分。柱塞式又可分直接作用式、片状隔膜间接作用式（图4-5）、卧式柱塞（图4-6）三种。

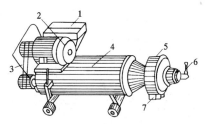

图 4-3　纸筋灰搅拌机示意图

1—进料口；2—电动机；3—皮带；4—搅料筒；5—小钢磨；6—调节螺栓；7—出料口

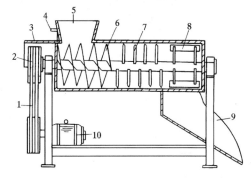

图 4-4　麻刀机搅拌机示意图

1—皮带；2—皮带轮；3—防护罩；4—水管；5—进料斗；6—螺旋片；7—打灰板；8—刮灰板；9—出料斗；10—电动机

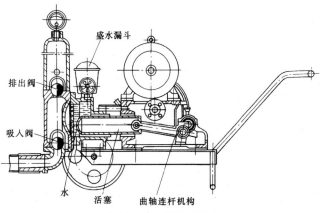

图 4-5　片式隔膜泵

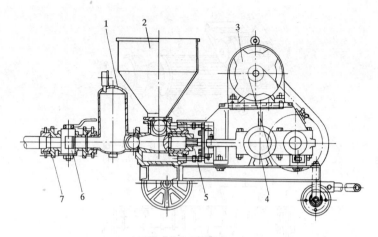

图 4-6 卧式柱塞泵
1—气罐；2—料斗；3—电动机；4—变速箱；5—泵体；6—三通阀；7—输出口

隔膜式灰浆泵是间接作用灰浆泵。柱塞的往复活动通过隔膜的弹性变形，实现吸入阀和排出阀交替工作。将砂浆吸入泵室，通过隔膜压送出来。

隔膜泵主要技术性能见表 4-1。

隔膜泵主要技术性能

表 4-1

技 术 性 能	圆柱形 C211A/C232	片式 HB8-3
泵排送量（m³/h）	3/6	3
泵送垂直高度（m）		40
泵送水平距离（m）		100
工作压力（MPa）	1.5	1.3/1.2
电动机功率（kW）	3.5/5.8	2.8
电动机转速（r/min）		1440
进料胶管内径	50/65	
排料胶管外径	50/65	
外形尺寸（长×宽×高）（mm）	2080×800×1300	1375×445×890
泵重（kg）		200

挤压式灰浆泵无柱塞和阀门，是靠挤压滚轮连续挤压胶管，实现泵送砂浆。挤压泵的主要技术性能见表 4-2。

挤压泵主要技术性能

表 4-2

技术性能	UBJ0.8	UBJ1.2	UBJ1.8	UBJ2	SJ-1.8
泵排送量（m³/h）	0.8	1.2	1.8	2	1.8
泵送垂直高度（m）	25	25	30	20	30
泵送水平距离（m）	80	80	80	80	100
工作压力（MPa）	1.0	1.2	1.5	1.5	1.5
挤压胶管内径（mm）	32	32	38	38	38/50
输送胶管内径（mm）	25	25/32	25/32	32	
电动机功率（kW）	1.5	2.2	2.2	2.2	2.2
电源电压（V）	380	380	380	380	380
泵重（kg）	175	185	300	270	340

四、灰浆联合机

双缸活塞式灰浆联合机是采用补偿凸轮双活塞泵,集合搅拌、泵送、空气压缩系统、输送管道总成、喷涂于一体(图4-7)。

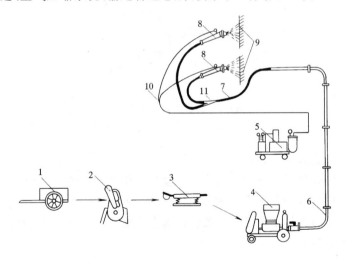

图 4-7　机械喷涂设备

1—手推车；2—砂浆搅拌机；3—振动筛；4—灰浆输送泵；5—空压机；6—输浆钢管；7—输浆胶管；8—喷枪头；9—基层；10—输送压缩空气胶管；11—分叉管

目前国内生产的有 UH 型灰浆联合机,其主要技术性能见表 4-3。

UH4.5型灰浆联合机主要技术性能   表4-3

项　目	性能参数	项　目	性能参数
最大排量	4.5m³/h	空压机排量	300L/min
最大工作压力	6MPa	电动机型号	Y160M1-2
垂直泵送高度	80m	电动机功率	11kW
水平泵送距离	300~400	外形尺寸（不包括牵引调节杆）	2255×1620×1580
搅拌器额定进料容量	170L		
搅拌器额定出料容量	120L	整机质量	1100kg
空压机公称排气压力	0.5MPa	生产厂	胜利机械厂

UH4.5型灰浆联合机外形结构见图4-8。

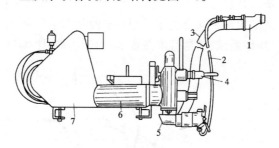

图4-8　灰浆联合机外形结构

1—喷枪；2—压缩空气胶管；3—输浆管；4—回浆管；

5—吸浆口；6—工作缸；7—凸轮室

输送管道组成：

输送管道组成应由输浆管、输气管和自锁快速接头等组成。

输浆管的管径应取50mm，其工作压力应取4~6MPa。水平输浆管宜选用耐压耐磨橡胶管；垂直输浆管可选用耐压耐磨橡胶管或钢管。

输气管的管径应取13mm，可选用软橡胶管。

喷枪：

喷枪应根据工程的部位、材料和装饰要求选择喷枪型式及相匹配的喷嘴类型与口径。对内外墙、顶棚面、砂浆垫层、地面面层喷涂应选择口径18mm或20mm的标准与角度喷枪；对装饰性喷涂，则应选择口径 10mm、12mm 或 14mm 的装饰喷枪。

柱塞泵用的喷枪见图 4-9。

挤压泵用的喷枪见图 4-10。

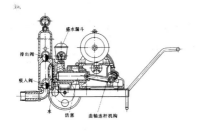 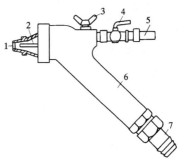

图 4-9　柱塞泵用喷枪

1—喷嘴；2—喷气口；3—气管顶丝；

4—气阀；5—气管接头；6—灰浆管；

7—灰浆管接头

图 4-10　挤压泵用喷枪

1—喷嘴；2—喷气口；3—气管顶丝；

4—气阀；5—气管接头；6—灰浆管；

7—灰浆管接头

设备布置：

设备的布置应根据施工总平面图合理确定，应缩短原材料和砂浆的输送距离，减少设备的移动次数。

砂浆搅拌与平板振动筛的安装应牢固，操作应方便，上料与出料应通畅。

安装灰浆泵的场地应坚实平整，并宜置于水泥地面上。车辆应楔牢，安放应平稳。

灰浆泵或灰浆联合机应安装在砂浆搅拌机和振动筛的下部，其进料口应置于砂浆搅拌机卸料口下方，互相衔接。卸料高度宜为 350~400mm。

输浆管的布置与安装应平顺理直，不得弯折、盘绕和受压。输浆管的连接应采用自锁快速接头锁紧扣牢，锁紧杆用铁丝绑紧。管的连接处应密封，不得漏浆漏水，输浆管布置时，应有利于平行交叉流水作业，减少施工过程中管的拆卸次数。输浆管采用钢管时，其内壁要保持清洁无粘附物；钢管的两端与橡胶管应连接牢固，密封可靠，无漏浆现象。输浆管采用橡胶管时，拖动管道的弯曲半径不得小于 1.2m。输浆管出口不得插入砂浆内。

水平输浆管距离过长时，管道铺设宜有一定的上仰坡度。垂直输浆管必须牢固的固定在墙面或脚手架上。水平输浆管与垂直输浆管之间的连接应不小于 90°，弯曲半径不得小于1.2m。

输气管应畅通，气管上的双气阀密封应良好，无漏气现象。输气管与喷枪的连接位置应正确、密封、不漏气。

当远距离输送砂浆或高处喷涂作业时，应备有无线对讲机等通讯联络设备。

五、混凝土搅拌机

混凝土搅拌机是搅拌混凝土、豆石混凝土、水泥石子浆和砂浆的机械。抹灰常用有 250L、400L 和 500L 的容量。混凝土搅拌机一般要安装在施工棚内，操作在棚中进行。

六、地面磨石机

水磨石机根据不同的作业对象和要求，有多种形式：

单盘旋转式和双盘旋转式水磨机，主要用于大面积水磨石地面的磨平、磨光作业。单盘式旋转水磨石机主要技术性能见表4-4。双盘旋转式水磨石机主要技术性能见表4-5。

单盘旋转式水磨石机主要技术性能　　　　表 4-4

型号	磨削直径（mm）	磨盘转数（r/min）	效率（m³/h）	电动机			外形尺寸长×宽×高（mm）	质量（kg）
				型号	功率（kW）	转速（r/min）		
SF-D-A	350	282	3.5～4.5		2.2		1040×410×950	150
DMS350	350	294	4.5	Y100L1-4	2.2	1430	1040×410×950	160
SM-5	360	340	6～7.5	J02-32-4	3	1430	1160×400×980	160
MS	350	330	6	J02-32-4	3	1430	1250×450×950	145
HMP-4	350	294	3.5～4.5	J02-31-4	2.2	1420	1140×410×1040	160
HMP-8	400		6～8	Y100L2-4	3	1420	1062×430×950	180
HM4	350	294	3.5～4.5	J02-31-4	2.2	1450	1040×410×950	155
MD-350	350	295	3.5～4.5	J02-32-4	3	1430	1040×410×950	160

双盘旋转式水磨石机主要技术性能　　表 4-5

型号	磨盘直径(mm)	磨盘转速(r/min)	磨削宽度(mm)	效率(m³/h)	电动机			外形尺寸长×宽×高(mm)	质量(kg)
					电压(V)	功率(kW)	转速(r/min)		
2MD350	345	285	600	14～15	380	2.2	940	700×900×1000	115
650-A		325	650	60	380	3	1430	850×700×900	
SF-S		345		10	380	4		1400×690×1000	210
DMS350		340		14～15	380	3			210
SM2-2	360	340	680	14～15	380	4		1160×690×980	200
HMP-16	360	340	680	14～16	380	3	1420	1160×660×980	210
2MD300	360	392		10～15	380	3	1430	1200×563×715	180

单盘旋转式水磨石机外形结构见图 4-11，双盘旋转式水磨石机外形结构见图 4-12。

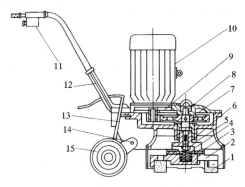

图 4-11　单盘旋转式水磨石机

1—磨石；2—砂轮座；3—夹胶帆布垫；4—弹簧；
5—连接盘 6—橡胶密封；7—大齿轮；8—传动主
轴；9—电机齿轮；10—电动机；11—开关；12—扶
手；13—升降齿条；14—调节架；15—走轮

七、地面抹光机

适用于水泥砂浆或豆石混凝土地面的抹平压光。按动力源分为电动、内燃两种，按抹光装置分为单头、双头两种。单头地面抹光机的外形结构见图 4-13。

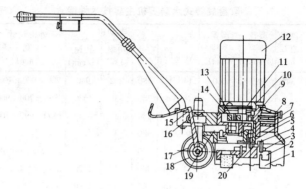

图 4-12 双盘旋转式水磨石机

1—三角砂轮；2—磨石座；3—连接橡皮；4—连接盘；5—组合密封圈；
6—油封；7—主轴隔圈；8—大齿轮；9—主轴；10—闷头盖；11—电机
齿轮；12—电动机；13—中间齿轮轴；14—中间齿轮；15—升降齿条；
16—棘齿轴；17—调节架；18—行走轮；19—轴销；20—弹簧

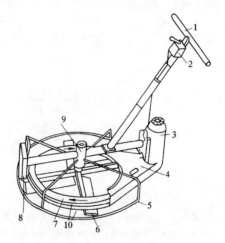

图 4-13 地坪抹光机示意图

1—操纵手柄；2—电气开关；3—电动机；

4—防护罩；5—保护圈；6—抹刀；7—抹刀转子；

8—配重；9—轴承架；10—三角皮带

八、滚涂用辊子有橡胶辊、多孔聚胺酯辊等（图 4-14）

弹涂器分为电动和手动（图 4-15）两种，是弹涂施工的主要工具。

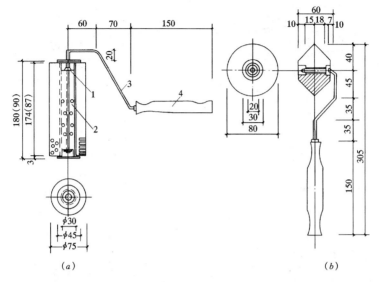

图 4-14　滚子

（a）滚涂墙面用滚子；（b）滚涂阴角用滚子

1—穿钉和铁垫；2—硬薄塑料；3—φ8mm 镀锌管钢筋棍；4—手柄

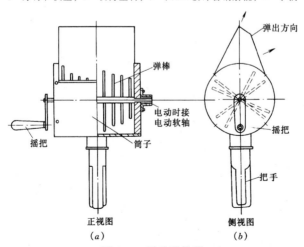

图 4-15　手动弹涂器

（a）正视图；（b）侧视图

九、抹灰用的手动工具（图 4-16 至图 4-29）

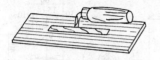

图 4-16　铁抹子

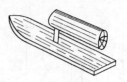

图 4-17　压子

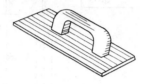

图 4-18　塑料抹子

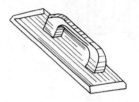

图 4-19　木抹子

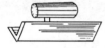

图 4-20　阴角抹子

图 4-21　阳角抹子

图 4-22　圆阴角抹子

图 4-23　鸭嘴

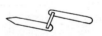

图 4-24　柳叶

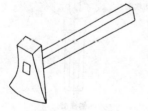

图 4-25　刨锛

图 4-26　錾子

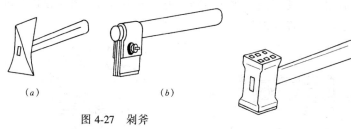

图 4-27 剁斧

a）剁斧；b）单刀或多刀剁斧

图 4-28 花锤

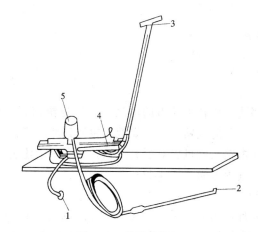

图 4-29 手压喷浆机

1—吸浆管；2—喷枪头；3—摇把；4—活塞；5—稳压室

第二节 瓷砖石材施工机具

一、电动工具

1. 台式切割机

是电动切割大理石等饰面板所用的机械见图 4-30，采用此机切割饰面板操作方便，速度快。

2. 手提式电动石材切割机

用于安装地面、墙面石材时切割花岗石等板材。功率 1050~2000W，转速 11000r/min，切割片分为干湿两种，用湿型刀片割时需用水作冷却液，故在切割之前先将小塑料软管接在切割机的给水口上（图4-31）。

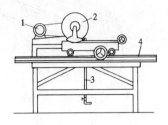

图4-30　台式切割机
1—电动机；2—砂轮片；
3—水管；4—导轨

图4-31　电动切割机
1—把手；2—安全罩；
3—金刚石刀片；4—机壳

3．冲击钻

是可调式，旋转带冲击的电钻。当把旋钮调到纯旋转位置，装上钻头就象普通电钻一样，如把旋钮调到冲击位置，装上镶硬质合金的冲击钻头就可以对混凝土钻孔，多用于建筑装饰及安装水、电、煤气等方面（图4-32）。

4．电锤

在国外称其为冲击钻。也兼备冲击和旋转两种功能。如图4-33使用硬质合金钻头，在砖石、混凝土上打孔时钻头旋转兼冲击，操作人无须施加压力。广泛用于在混凝土基体上钻孔安装膨胀螺栓（图4-33）。

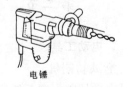

冲击钻

电锤

图4-32　冲击钻

图4-33　电锤

5．型材切割机

是根据砂轮磨削原理，利用高速旋转的薄片砂轮切割各种型材。速度快、生产效率高、切断面平整（图4-34）。

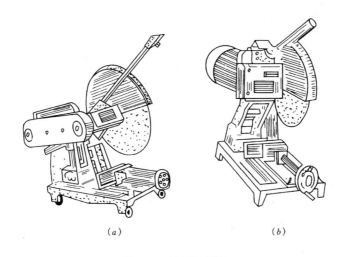

（a）   （b）

图 4-34　型材切割机

（a）J3G-400 型；（b）J3GS-300 型（双速）

二、手动工具

1. 手动切割机

是专用于切割饰面钻的，见图4-35。手握手压柄，将要切割的饰面砖按已调整好的标尺位置，下压手压柄，使合金钢刀片对正饰面砖切割线，前后沿滑边推拉，将饰面砖表面划出口纹，然后抬起压柄，翻转饰面砖将口纹对正压板，扳动手压柄用力压饰面砖即按纹线断裂。可使饰面砖切割顺直。

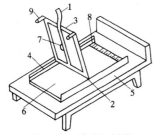

图 4-35　手动切割器

1—压把；2—轴；3—压板；
4—滑道；5—底盘；6—胶板；
7—合金刀片；8—标尺；9—胶头

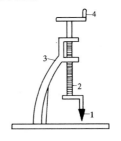

图 4-36　打眼器

1—合金钢尖；2—调整螺丝；
3—金属架；4—摇把

2. 打眼器（图 4-36）

3. 饰面用手工工具（图 4-37）

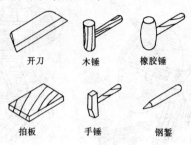

开刀　　　木锤　　　橡胶锤

拍板　　　手锤　　　钢錾

图 4-37　饰面用手工工具

第五章 施 工 工 艺

第一节 填充墙体砌筑

一、工艺范围

该节的填充墙即框架墙是钢筋混凝土框架结构的空间分隔墙，其中有外墙和内墙，要求是重量轻、隔声、隔热、保温好。主体材料是轻骨料混凝土小型砌块或黏土空心砖，以及蒸压加气混凝土砌块和水泥混合砂浆（图5-1）。

二、施工准备工作

1. 材料与主要机具

（1）砌体所用材料品种、规格应符合设计要求，同时产品应有出厂合格证和性能检测报告，其中砖块材、水泥、钢筋、外加剂应有材料进场的复验报告。

（2）拉结钢筋、预埋件、木砖等应提前作好防腐处理。

（3）主要机具：应备有搅拌机（或购买商品砂浆）、运输车、磅秤、胶皮管、筛子、铁锹、灰桶、喷水壶、托线板、小线、线坠、砖夹子、大铲、刨锛等（磅秤的计量检测合格）。

2. 作业条件

（1）主体结构已施工完毕并经质量主管部门验收。

（2）已放出墙体位置线、门窗洞口线，并经复核和质量检查人员预检认可。

（3）立皮树杆或者在墙体两端的结构柱上标注必要的砖层，注明门窗洞口的标高、过梁、拉筋、圈梁以及木砖等埋设件的标高尺寸。应在墙两端和砖角处都设置，并注意相互间标高一致。

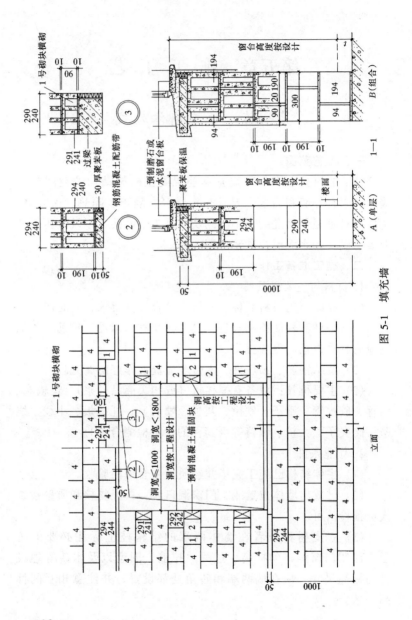

图 5-1 填充墙

（4）常温天气在砌筑的前两天将砖浇水润湿（水量不要大），冬季砌筑前应清除表面冰霜。

（5）给试验室报送现场材料样品，填砂浆试配申请表，由试验室确定配合比，现场准备砂浆试模。

三、操作工艺

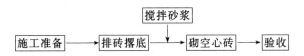

四、技术要点

1. 砌筑前，楼面应清扫干净，洒水湿润，根据最下面第一皮砖的标高，拉通线检查，如水平灰缝厚度超过 20mm，用细石混凝土找平，不允许用砂浆找平或砍砖找平。

拌制砂浆：

（1）配合比的计量准确，当组成材料有变更时，其配合比应重新确定。

（2）宜用机械拌制，掺有外加剂的砂浆搅拌时间不得少于 3min。

（3）砂浆应随拌随用，水泥混合砂浆一般应在拌合后 4h 内用完，夏季应缩短拌合后到砌筑之间的间隔时间，任何时期都严禁使用过夜砂浆。

（4）砂浆试块应按楼层或 250m³ 砌体的各种强度等级砂浆每台搅拌机至少应做一组试块，当组成材料有变更时，应补作试块。

（5）凡在砂浆中掺入有机塑化剂、早强剂、缓凝剂、防冻剂等，应经检验试配符合要求后，方可使用。有机塑化剂应有砌体强度的形式检验报告。

2. 砌空心砖墙：

（1）如有蒸压加气混凝土砌块、轻骨料混凝土空心砌块、砌筑时产品龄期应超过 28 天。

（2）组砌方法应当正确，应错缝搭砌用空心砖或蒸压加气混凝土砌块砌筑墙体时，墙底部首层砖应砌烧结的普通砖或多孔黏土砖，也可砌普通混凝土小型空心砌块或浇筑高度超过200mm混凝土块台。

3. 拉结钢筋位置应与块体皮数相符合，长度满足设计要求，不同品种的砖块不允许混砌。

4. 灰缝的厚度与宽度：空心砖应在8～12mm，加气混凝土块宜为15mm。

5. 填充墙砌至接近梁、板底时，应留一定空隙，待填充墙砌筑完并应至少间隔7天后，再将其补砌挤紧。

6. 各种预埋件，预留洞应按设计要求设置，应避免剔凿。

7. 按设计图设置构造柱、圈梁、过梁钢筋混凝土以及门口两侧的混凝土包框。

8. 转角及横竖墙交接处不允许留直槎。

五、冬期施工

（1）应有完整的冬施方案。

（2）冬期砂浆宜用硅酸盐水泥拌制，砂子、石灰膏等不允许含冻块。砖不宜浇水，必须增大砂浆的稠度。（抗震设防烈度为9度的建筑物，多孔砖、空心砖无法浇水湿润时，如无特殊措施，不得砌筑）。

（3）拌制热砂浆时，水温不得超过80℃，砂温不得超过40℃，砂浆使用温度应不低于+5℃。

（4）当采用掺盐砂浆法施工时，宜将砂浆强度等级按常温的强度等级提高一级。有配筋的砌体不得采用掺盐砂浆施工。

（5）砂浆试块除应按常温规定要求外，尚应增留不少于一组与砌块同条件养护的试块。

六、常出现的质量问题

（1）从地震危害调查看到不少多层砖混结构建筑，由于砌体的转角处和交接处接槎不良，而导致外墙甩出和砌体倒塌。所以必须重视转角处和交接处同时砌筑或按规范留槎，还要重视填充墙的抗震加固。

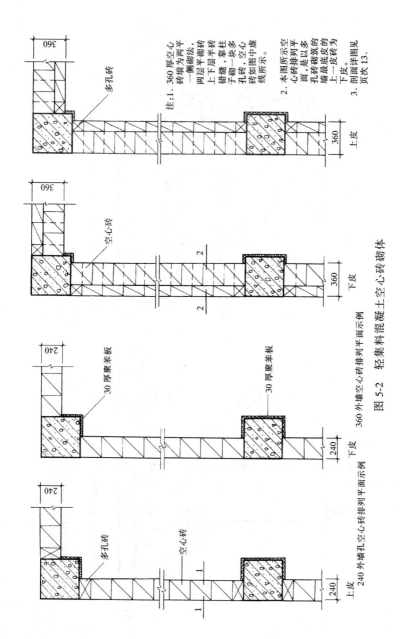

注:1. 360厚空心砖墙为两平一侧砌法,上下层平砌砖错缝,靠柱子砌一块半砖,一空心砖如图中虚线所示。

2. 本图所示空心砖排列平面,是以多孔砖砌筑的墙最底皮砖为上一皮。

3. 剖面详图见页次13.

图5-2 轻集料混凝土空心砖砌体

133

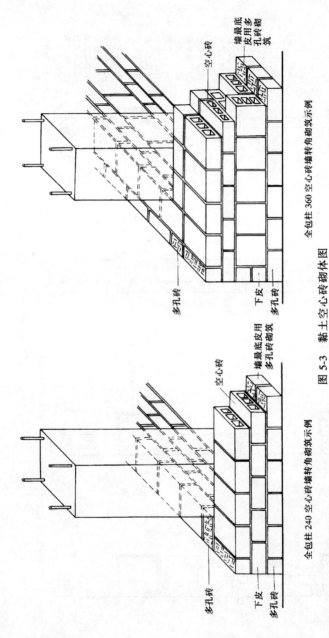

全包柱 240 空心砖墙转角砌筑示例

全包柱 360 空心砖墙转角砌筑示例

图 5-3 黏土空心砖砌体图

注: 1. 墙体砌筑时空心砖孔应水平方向放置，多孔砖孔应垂直方向放置。
2. 墙最底皮及反皮转角处用多孔砖砌筑。

（2）预留洞与脚手眼的补砌都会消弱墙体的整体性和隔声、保温功能，所以应予以重视，按图留洞，不得剔凿和必须补砌严实。

（3）外墙砌筑或堵洞必须与原用砖的材质保持统一，否则易引起外墙抹灰的裂缝，而且不利于节能。

（4）外墙水平方向突出的线脚或外墙砌体的突出部分砂浆必须饱满、严密，抹灰时应采取坡度泛水、滴水等防水措施，以防向墙体内渗水，冬季冻融。

（5）砌筑时应保持墙面的平整，预防局部抹灰过厚，引起空鼓开裂。

1）轻集料混凝土空心砖砌块孔型及使用部位，依据北京市试用图集"京94SJ19"框架结构填充空心砌块构造图集提供的资料，每排孔间的肋应错开，以免产生热桥。砌块应封底（盲孔）砌筑时底部向上，以便坐浆和浇筑混凝土配筋带（图5-2）。

2）黏土空心砖填充墙砌体，依据北京市试用图"京97SJ25"框架结构黏土空心砖填充墙构造图集提供的资料，砖平卧，上下层错缝，不允许有通缝，在转角门窗洞口等部位与多孔砖匹配砌筑，严禁空心砖打成半砖或七分头使用（图5-3）。

3）蒸压加气混凝土砌块，墙体依据华北和西北地区建筑构造通用图集"88J2""二"墙身-加气混凝，图集提供的资料，在建筑设计中应进行排块设计。砌筑时应上下错缝，搭接长度应是砌块长度的1/3（图5-4）。

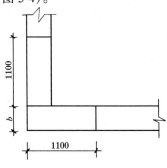

图 5-4　蒸压加气混凝土砌块

第二节 抹灰砂浆拌制工艺

一、工艺范围及特点

涂抹于建筑物表面上的砂浆称之为抹灰砂浆，在建筑工程中起粘结衬垫和饰面的作用，即底层、中层和面层。特点是：

（1）就自身的粘结力之外不承受其他荷载。

（2）抹灰层与基底层要有足够的粘结力，使其在施工中或长期自重和周围环境的作用下不脱落、不开裂、不丧失其主要功能。

（3）抹灰层多为薄层，分层涂沫，面层要求平整细腻。

（4）多用于干燥环境，大面积暴露在空气中，因此适合使用气硬性胶凝材料。

二、砂浆的分类

分为普通抹灰砂浆、装饰抹灰砂浆和特种抹灰砂浆。

1. 普通抹灰砂浆

即建筑工程施工中通常使用的砂浆，如石灰砂浆、水泥石灰砂浆（也称之为混合砂浆）水泥砂浆，另外还有麻刀灰、纸筋灰。

2. 装饰抹灰砂浆

是常用的装饰材料的一种，其各种色彩主要是通过选用白色水泥、彩色水泥或浅色的各种硅酸盐水泥以及石灰、石膏等胶凝材料，再掺入一些碱性矿粉颜料获得的。还可以在面层砂浆中掺入彩色砂、石（如大理石、石英石、花岗岩等色石渣、玻璃、云母片、松香石和长石等）组成各种彩色砂浆面层。

3. 特种砂浆

如防水砂浆、隔热砂浆和吸音砂浆。

三、普通砂浆的配比与应用范围

（体积比）见表 5-1

1. 石灰砂浆

配合比 1:3（石灰膏:砂）应用于室内砖石墙面（潮湿部位

不宜使用）。

2. 水泥、石灰砂浆（混合砂浆）

配合比：1∶（0.5～1）∶（4～6）（水泥∶石灰膏∶砂）可用于室内、外墙面抹灰，也可用于较潮湿的部位。

3. 水泥砂浆

（1）配合比：

1∶（2.5～3）（水泥∶砂）可用于外墙抹灰，室内浴室、窗台、护角、门、窗套等潮湿部位，易碰撞部位的基层或垫层（中间层）抹灰。

（2）配合比：

1∶（1.5～2.5）（水泥∶砂）可用于室内外抹灰的面层，其中包括了墙、地、楼、台阶、踢脚、墙裙、顶棚等面层。

（3）配合比：

1∶（0.5～1）（水泥∶砂）经常用于混凝土地面的随打、随抹、随压光，也可用于室外砖墙勾缝。

4. 纸筋灰：

$1m^3$ 石灰膏掺 3.6kg 纸筋，用于室内墙、顶抹灰的面层。

5. 麻刀灰

100kg 石灰膏掺 1.3kg 麻刀，用于板条墙、顶抹灰的面层；

100kg 石灰膏掺 2.5kg 麻刀，用于板条墙、顶抹灰基层。

6. 水刷石

（1）配合比：

1∶（0.5～1）∶（1.5～2）（水泥∶石膏灰∶石渣）用于水刷石墙面（底层一般用 1∶0.5∶3.5 或 1∶1∶6 的水泥∶石灰膏∶砂）。

（2）配合比：

1∶（1.5～2.5）（水泥∶石渣）根据石渣的粒径调整水泥用量。

7. 剁斧石

配合比：1∶（1.25～1.5）（水泥∶石渣）料粒石内掺 30% 石屑，（底层灰一般用 1∶（2.5～3）水泥砂浆。

8. 水磨石

配合比：1:（1.25~2）（水泥:石渣）底层一般用 1:2.5~3 水泥砂浆。

四、特种砂浆

1. 防水砂浆

（1）普通防水砂浆：

配合比：1:（2~3）（水泥:砂）水泥应采用 32.5 强度等级以上普通水泥，水灰比应控制在 0.5~0.55 范围内。适用于建筑物的刚性防水、防潮工程。

（2）掺防水剂的防水砂浆：

1）氯化铁防水剂：

掺入水泥砂浆中可以提高砂浆的和易性，减少泌水性提高砂浆的密实性和抗冻性。具有促凝和堵漏作用，氯化铁防水剂一般掺量为水泥掺量 3%。

2）氯化钙氯化铝防水剂：

以氯化钙:氯化铝:水 = 10:1:11 配制而成的防水剂。将其与砂浆拌合后，生成复盐，具有填充砂浆孔隙，提高砂浆密实性，使其具有不透水性的作用，一般掺入量为水泥用量的 3%~5%。

3）金属皂类防水剂：

也称为避水浆，加工后生成物填塞毛细孔，使砂浆密实，掺量为水泥用量 3%。

4）硅酸类（水玻璃）：

可配制成防水剂掺入硅酸盐水泥砂浆提高砂浆的密实性和硬化速度。

5）阳离子氯 I 胶乳防水砂浆：

是以高分子聚合物乳液和水泥胶结材料为基料配制的复合防水砂浆。

（3）操作注意事项

1）如遇管道外露出基层，必须在周圈剔 20~30mm 深和宽。

2）加防水剂的砂浆拌合前先将防水剂与水拌合。

3）养护工作非常重要，温度不宜低于 +5℃，养护时间不少于 7d，矿渣水泥不少于 14d。

4）五层作法总厚不宜超过 15～20mm，各层紧密结合，不留施工缝，如必须留时，应留成阶梯形接槎。

2. 隔热砂浆及吸音吸浆

（1）水泥膨胀珍珠岩砂浆

配合比 1:12～15，强度等级 32.5 的普通水泥：膨胀珍珠岩。其水灰比为 1.5～2。容重 300～500kg/m³，适用于砖墙或混凝土墙表面抹灰，表观密度轻，导热系数小。

（2）水泥:石灰膏:膨胀蛭石砂浆

配合比 1:5:8（水泥:石灰膏:膨胀蛭石）。客重 300～500 kg/m³。适用于平屋面保温层及顶棚、内墙抹灰。

（3）另外有浮石砂、火山渣及陶粒砂等轻质砂代替天然砂。

（4）操作重点：由于砂浆保水性好，抹灰前基层少洒水，甚至不洒水，抹灰分层进行，中层灰厚度 5～8mm，待 6～7 成干后方可罩纸筋灰。

3. 耐热砂浆水泥:耐火泥:细骨料 1 = 1:0.65:3.3（重量比）。细骨料采用耐火砖屑。养护同防水砂浆。

4. 重晶石砂浆

主要成分是硫酸钡。因此也叫做钡粉砂浆。以硫酸钡为骨料制成的砂浆面层对 X 光线和 γ 射线有阻隔作用。抹灰操作时应分层抹灰。每层厚度控制在 4mm 左右。阴阳角为圆角，以免裂缝。温度在 +15℃以上，养护不得少于 14d。

五、拌制砂浆的工艺流程

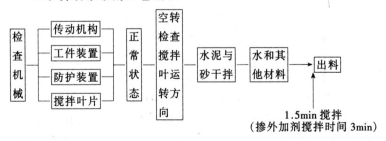

六、技术要点

一般来说，砂浆的强度越高、粘结力越强。

砂浆在保证强度基础上，必须有良好的和易性。和易性良好的砂浆能涂抹成均匀的薄层，而且与基（体）层粘结牢固。这样的砂浆即便于操作，又能保证工程质量。砂浆和易性取决于砂浆的流动性和保水性。

（1）砂浆体积比应做标准斗，如重量比应有计量检验合格的泵称，应做到配比准备。

（2）掺水泥的砂浆，必须先将水泥与砂干拌均匀后才可加其他材料和水。应在初凝前用完（一般应在 4h 内用完）。

（3）掺有胶料的砂浆,必须事先将胶料溶于水待砂浆基本均匀时再逐渐加入搅拌筒中,继续搅拌到均匀为止(应延长搅拌时间)。

（4）搅拌好的砂浆要求有合适的稠度和良好的保水性。地面面层的抹灰砂浆还要求有足够的抗压强度。

1）稠度：

即砂浆的流动性是指砂浆在自重或外力作用下流动的性能。在工地是经验掌握，在试验室是以沉入度表示（图 5-5）稠度与用水量、骨料粗细有关。测定时，先将砂浆均匀地装入砂浆筒内，置于测定圆锥体下，将质量为 300g 的滑杆上的圆锥体尖与砂浆表面接触，然后突然放松滑 10s 内圆锥沉入的深度值（以厘米计算）即为沉入度（稠度），沉入度大的砂浆则表示流动性好。稠度应当根据当时的气候条件适当调整。

一般手工抹灰：

底层砂浆的沉入度要求 11 ~ 12 （以厘米计算）；

中层砂浆的沉入度要求 7 ~ 8；

面层砂浆的沉入度要求 9 ~ 10；

（如果面层砂浆含石膏应控制在 9 ~ 12）。

2）保水性：是指在搅拌运输及使用过程中，砂浆中的水与胶结材料及骨料分离快慢的性能。保水性不好的砂浆容易泌水离析，如果涂抹在多孔基层（体）表面上，将会发生剧裂的失水现象，变得比较干稠，不便于操作。这样不但影响砂浆的正常硬化，而且会减弱砂浆与基层（体）的粘结力，降低砂浆强度。

砂浆保水性一般用分层度表示（图5-6），将搅拌均匀的砂浆装入内径为150mm、高300mm的圆桶内，测定沉入度后，静止半小时，令其自由沉降，然后测定距桶底部1/3高度的砂浆沉入度，两次结果的差值为分层度值，分层度大的砂浆，说明保水性不良，水分上升，砂及水泥颗粒沉降较多。一般要求分层度为10～20mm为宜。因为若分层度为"0"说明保水性很强，但是这种情况往往是胶凝材料用量过多，或者砂过细，致使砂浆干缩量过大，尤其不宜作抹灰砂浆。反之，分层大于20mm则说明保水性不好，易产生离析，不便施工，此种现象称为泌水性。又称析水性，即砂浆中析出部分拌合水的性能。一般砂浆用水量超过砂浆保水能力，部分水就析出表面与骨料分离导致砂浆分层，强度、粘结力降低。

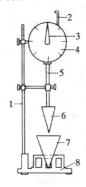

图 5-5　砂浆稠度测定仪

1—支架；2—齿条测杆；3—指针；4—刻度盘；5—滑杆；6—圆锥体；7—圆锥筒；8—底座

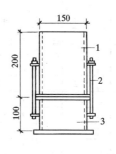

图 5-6　分层度测定仪

1—无底圆筒；2—连接螺栓；3—有底圆筒

（5）砂浆中掺108胶的目的，是改善和提高抹灰层强度不会粉酥掉面。能增强涂层的柔韧性。减少开裂。能增强与基层之间的粘结性能。

七、装饰砂浆的配比与应用范围

见表 5-1。

装饰砂浆的配比与应用范围 表 5-1

配合比（体积比）					应用范围
水泥	石灰膏	石膏	砂	其他	
1			1		清水砖墙勾缝灰
1			3		砖或混凝土内外墙打底灰，地面找平层，预制混凝土顶板水泥墙裙底灰
1			2.5		内外墙水泥面层灰、台阶水泥面层、水泥地面面层、踢脚
2	1		8		加气混凝土内外墙打底灰
1	1		6		1. 加气混凝土内外墙找平层灰 2. 砖砌外墙打底灰
1			6	胶0.2	加气混凝土打底灰
1	1		4		砖砌外墙面层灰
1				1.5（小八厘） 1.25（中八厘）	外墙抹水刷石、剁斧石、现制水磨石
1	0.5		3		混凝土外墙打底
1				1.25 小豆石	外墙水刷小豆石墙面
1	0.2		1.5		外墙清水砂浆面
1			1.25		现制水磨石，剁斧石打底灰
1			2.7	掺5%108胶	仿蘑菇石弹涂墙面
1			2		水泥地面面层，碎拼大理石勾缝
1	0.2		2	掺5%108胶	贴外墙面砖，碎拼大理石
1			1	细砂	面砖墙面勾缝
1			2	纸筋灰1	贴锦砖外墙面
1			1		混凝土随打随抹
1			4	干硬性	铺地砖，预制磨石块
1			3	干硬性	铺花岗石地面
1				2 豆石	水刷石坡道
1				2.5 八厘石	现制磨石地面
1	0.1		2.5		贴釉面砖结合层
1	3				室内石灰砂浆墙面
1	3		9		室内混凝土基层抹灰（包括顶板）
1	0.5		1		现制混凝土顶板打底灰
1	0.3		3		预制混凝土顶板打底灰
1	0.3		2.5		顶板罩面

配合比（体积比）					应用范围
水泥	白灰膏	石膏	砂	其他	
	1m³			纸筋 3.6kg	室内墙顶抹灰罩面灰
	100kg			麻刀 2.5kg	板条墙、顶基层
	100kg			麻刀 1.3kg	板条墙、顶抹灰罩面

注：1. 作剁斧石应在米厘石内掺 30％石屑；

2. 清水砂所用砂子必须过筛清洗，并掺入 30％石英砂，粒径 1.5～2.5mm。

第三节 抹灰工艺概述

一、范围与分类

1. 范围

包括室内外墙面、柱面、室内顶板、地面楼梯、室外腰线、挑檐、门头等。

2. 分类

（1）按基层材质分类：

1）砖墙抹灰：

其中包括黏土实心砖、黏土空心砖、普通混凝土空心砖砌块、轻骨料空心砖砌块等墙体抹灰。

2）现浇混凝土墙体抹灰及顶板抹灰。

3）预制混凝土顶板抹灰。

4）加气混凝土墙体抹灰。

5）板条或钢板网抹灰。

（2）按使用要求分类：

1）普通抹灰：

适用于一般民用住宅、商店、学校、医院等，抹灰要求基层底灰，一层填充找平层，一层面层。其主要工序是基层清理、毛化（即粗糙化）、湿润、阳角找方、冲筋、分层赶平、修整、表面压光。表面垂直平整值不超出规范允许值（注：也有做一底一面成活的）。

2）高级抹灰：

适用于大型公共建筑、纪念性建筑物（如剧院、礼堂、展览馆和高级公寓）以及有特殊要求的高级建筑物等。

高级抹灰要求做底层、中层、面层，三遍成活，其主要工序是阴阳角找方正，设置标筋，分层赶平。修整和表面压光，面层要光滑洁净，色泽一致，抹纹顺埋，棱角垂直清晰，大面垂直平整值不得超过相应规范的规定。

注：《建筑装饰装修工程质量验收规范》（GB50210—2001）将普通抹灰、中级抹灰和高级抹灰三级合并为普通抹灰和高级抹灰。

二、抹灰层的构造组合

抹灰通常是由底层、中层、面层组成。底层主要起粘结作用，中层主要起找平作用。灰浆或砂浆彼此粘着并牢固的附着在不同材质的基层上，形成保护层、保温层、隔热层。

但是多数砂浆在凝结硬化过程中，都有不同程度的收缩，这种收缩无疑对抹灰的层与层之间或是与基层之间的粘着力受到影响，所以在操作过程中应控制基层与其他层的间隔时间和一次实抹的厚度（图 5-7）。

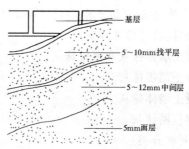

图 5-7　墙面抹灰构造图

三、质量管理要点

（1）抹灰工程的质量关键是粘结牢固，无开裂、空鼓与脱落，如果粘结不牢固，出现空鼓、开裂、脱落等缺陷，会降低对墙体的保护作用，且影响装饰效果，经研究分析，抹灰层之所以出现开裂、空鼓和脱落等质量问题，其主要原因是基体表面清理不干净，如：

1）基体表面的尘埃及松散物，脱模剂和油渍等影响抹灰粘结牢固的物质未彻底清除干净。

2）基体表面光滑，抹灰前未做毛化处理。

3）抹灰前基层浇水不透，抹灰后砂浆中的水分很快被基体吸收，使砂浆中的水泥未充分水化生成水泥石，影响了砂浆粘结力。

4）砂浆质量不好，使用不当（稠度和保水性差）。

5）一次抹灰过厚，干缩率较大，或者各层抹灰间隔时间太短。

6）抹灰累积厚度过大，没有必要的加强措施。

7）不同材料基体交接处由于吸水和收缩不一致，接缝处表面的抹灰层容易开裂。

8）冬季抹灰，底层灰受冻，或砂浆在硬化初期受冻。

以上现象都是影响抹灰层与基体粘结牢固的因素。

（2）有防水层的地面与墙面交接处的找平层阴角应抹成圆弧形，但弧度应满足贴砖要求。

第四节 抹灰前的准备工作

一、抹灰前的基层处理与验收

（1）结构已经验收（经质量主管部门验收）。

（2）在抹灰部位的穿墙管道和附墙盒箱应当安装完，预埋件安装完，并将所有的洞填嵌密实。（过墙管一律装套管，并用1:3水泥砂浆或豆石混凝土填嵌密实）

（3）墙面垂直度、平整度经检测之后将误差超过35mm的记录，并制定抹灰超厚的加强措施，并作隐蔽验收记录。

（4）柱面或墙垛的垂直度、平整度、轴线位置以及相互通顺的检测记录，误差超过35mm的应记录并制定超厚抹灰的加强措施，并进行隐蔽验收记录。

（5）抹灰前应检查门窗框安装位置是否正确（包括壁柜门框），与墙体连接是否牢固，连接处缝隙用 1:3 水泥砂浆或1:1:6 水泥混合砂浆分层嵌塞密实。若缝隙较大时，应在砂浆中掺入少量麻刀嵌塞，使其塞缝密实、木门框需设铁皮保护（铝合金窗应用打胶密封）。

（6）将过梁、梁垫、圈梁及组合柱表面凸出部分混凝土剔平。对蜂窝、麻面、露筋等应剔到实处，刷素水泥浆一道（内掺水重 10% 的 108 胶）紧跟用 1:3 水泥砂浆分层补抹；脚手眼应用与墙体同类材料堵严，外露钢筋头、铅丝头等要剔除，窗台砖应补齐，内墙与楼板、梁底等交接处应用斜砖砌严。

（7）不同材质之间的墙面交接处应钉钢板网，每侧搭宽度不得少于 100mm。并进行隐蔽验收。

（8）为了使底层砂浆与墙基层粘结牢固，在混凝土墙抹灰前宜做毛化处理和反碱封堵，可采用凿毛、刷界面剂的方法，也可采用刷掺 108 胶的素水泥浆甩毛（掺水量 3%～5% 胶）。

加气混凝土的基层表面处理，介绍以下三种方法：

第一种方法：

在抹灰前的 24h，在墙面上浇水两至三遍（常温下间歇不的少于 15min，浇水量以掺入深度 8～10mm 为宜，浇水面要均匀，不得漏浇，以喷水为宜），抹灰前最后一遍浇水，宜在抹灰前 1h 进行，浇水后立即刷素水泥浆，而后抹灰，不得在素水泥浆干后再抹灰。

第二种方法：

①浇水一遍冲去墙面渣沫。②刷 108 胶素水泥浆一道（根据 108 胶的浓度掺入稀释，一般水胶比为4:1在溶液中加入适量水泥）。

注：

1）108 胶水溶液中掺入水泥的作用是：一方面，在涂刷时能区分处理，以免漏面；另一方面，可提高墙面的封闭度。

146

2）刷胶要均匀、全面，不得漏刷。

3）使用胶料不限于 108 胶，可根据当地情况采用廉价对水泥砂浆不起不良反应的胶料即可。

4）刷 108 胶素水泥浆后应立即抹灰，不得在浆面干燥后再抹。

第三种方法：刮糙处理

①浇水一遍冲去墙面渣沫。②刷素水泥浆一道。③用 1:3 或 1:2.5 水泥砂浆在墙面刮糙，厚度约 5mm，刮糙面积约占墙面 70% ~ 80%。

注：刮糙可用铁抹子在墙面刮成鱼鳞状，表面宜粗糙与底面粘结良好，厚度 3 ~ 5mm。

（9）砖墙基层表面的砂浆流坠、灰尘、污垢和油渍等应清除干净，在抹灰前一天浇水湿润。

二、材料的进场检验与复验

（1）材料进场一律应有产品合格证和性能检测报告。

（2）水泥：宜选用 32.5 强度等级以上的普通硅酸盐水泥或矿渣硅酸盐水泥。水泥进入施工现场应做凝结时间和安定性及强度等级复验。

（3）石灰膏，必须用孔径小于 3mm × 3mm 筛过滤，熟化时间常温下不少于 15 天，用于罩面灰时不少于 30 天。

（4）磨细生石灰粉：其细度应通过 490 孔/cm^2 筛，使用前应提前三天泡水熟化。

（5）中砂：平均料径为 2.3 ~ 3mm，使用前应过 5mm 孔径筛不得含杂质。

（6）纸筋：使用前应浸水捣烂，宜用机碾磨细。

（7）麻刀：使用前 4 ~ 5 天用石灰膏调好。

三、机具计划

主要机具：砂浆搅拌机、纸筋灰搅拌机、平锹、筛子（孔径 5mm）、窄手推车、大桶、灰槽、灰勺、2.5m 大杠、1.5m 中杠、2m 靠尺板、线坠、钢卷尺、方尺、托灰板、铁抹子、木抹子、塑料抹子、八字靠尺、5 ~ 7mm 厚方口靠尺、阴阳角抹子、长舌铁抹子、铁水平、长毛刷、排笔、钢丝刷、笤帚、喷壶、胶皮水管、小水桶、粉线袋、小白线、钻子（尖、扁头）、锤子、钳子、钉子、托线板、工具袋等。

外墙抹灰或室内空间较高时应准备必要钢管架木、脚手板或外墙吊栏。

四、技术准备

（1）学习设计图纸，了解施工部位与设计要求。

（2）检查验收基层并做记录：

1）根据检测的记录确定抹灰的平均厚度，每层灰的厚度最薄不得小于5mm，总厚不得超过25mm，如超过35mm应有补强措施并进行隐蔽验收记录。

2）不同材质墙体交接处应钉钢板网，每侧的宽度应不小于100mm。并进行隐蔽验收记录。

（3）做样板间或样板墙，组织验收。

（4）编制施工方案，组织有序的施工，材料合理堆放，编制冬季施工方案（如在冬季施工），作技术交底，明确质量目标。

（5）复验轴线与水准线及分房间的中线，外檐层高线和轴线。

（6）组织材料复验，建立技术档案。

（7）如果需要搭架子应做架子设计。

（8）如果屋面没做防水，室内抹灰应有相应的防护措施。

第五节　石灰砂浆抹灰

一、抹石灰砂浆施工工艺

见工艺流程图

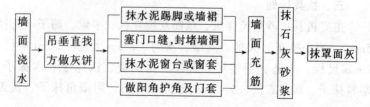

二、抹石灰砂浆操作要点

（1）墙面浇水：

抹灰前一天，应用胶皮管自上而下的浇水。

（2）挂线，做灰饼：

高级抹灰在抹灰前必须找规矩——挂线，做灰饼。

挂线，做灰饼的方法是先套方、而后用1.2m托线板全面检查砖墙面平整、垂直程度，根据检查的实际情况兼顾抹灰总的平均厚度规定，决定墙面抹灰厚度，而后在阴角两侧找方确认灰饼的厚度，依据套方来决定做灰饼的厚度（因为有时结构平整度较差，按规范规定的7～12mm厚度往往不能找平）。

接着，在墙面2m左右高度，离阴角100～200mm处，浇水用底层抹灰砂浆在两侧各抹一个灰饼，也可用1:3水泥砂浆。灰饼的厚度应等于抹灰层厚度，平面50mm左右见方，下部对应的两个灰饼的出墙厚度，并在踢脚线上口30～50mm处各做一个灰饼，使上下两个灰饼在一条垂线上要求灰饼要平整，不能倾斜、扭曲、上下灰饼一定要在一条垂线上。

然后，在所做好的四个灰饼外侧与灰饼中线相平齐高度的砖墙缝中各钉一个小钉，拴小白线挂水平通线（注意小白线要离开灰饼面1mm），拉紧后在小白线中间做若干个灰饼，间距为1.2～1.5m左右，上下对应，并在同一垂线上，凡遇门、窗口、垛角处必须加做灰饼，以保证墙面平整，阴阳角方正。如墙高超过3.2m时，要分别距顶部和两边阴角100～200mm处各做一个灰饼，而后两人配合用缺口板和线坠做下边的灰饼。由于墙身较高，上下两饼间距较大，可通过挂竖向线的方法在中间适当增加灰饼。

（3）用做完的灰饼检验应抹灰的厚度，但最少不应小于7mm，墙面凹度较大时应分层衬平，每次厚度不应超过9mm，如总厚超过35mm，应有补强措施。

（4）抹水泥踢脚或墙裙：

具体作法：清理基层：酒水湿润。根据灰饼厚度1:3水泥砂浆打底、搓实、刮平，应高出上口线 30～50mm，而后用墨斗弹上口水平线，用纸筋掺水泥的灰将直尺贴在弹好的线上。在直尺下口与墙形成的阴角处搓素水泥浆，目的是抹完拿掉角尺后观感挺拔、楞角显明，也好修理，随着抹 1∶2.5 水泥砂浆，厚度与直尺平齐。竖向垂直。大杠刮平木抹子搓平、搓实，用钢抹子赶光，用阴角抹子修阴角，取下直尺，用专用抹子修上口。

（5）做水泥护角：

室内墙面、柱面和门窗洞口的阳角，应用 1∶3 水泥砂浆打底与所抹灰饼找平，待砂浆稍干后，再用 108 胶素水泥膏抹成小圆角，或用 1∶2 水泥细砂浆做明护角（比底灰高 2mm 应与罩面灰齐平），其高度不应低于 2m，每侧宽度不小于 50mm。门窗口护角做完后应及时用清水刷洗门窗框上的水泥浆，作门窗护角应保护两侧的方正与对称，所以打底灰之后在上面反粘八字尺，两边的外侧通过拉线或用杠靠尺与墙面灰饼一平，上下吊垂直，然后依据八字尺抹 50mm 宽，厚度以靠尺为依据的一条灰梗，用大杠搭在门窗口两边的八字尺上，把灰梗刮平，用木抹搓平。拆除靠尺、刮净，正贴在抹好的灰梗上，依前面程序抹平、揉平、揉实。取除靠尺，把灰梗外边割切整齐，用阳角抹子做好底子角。

（6）抹水泥窗台板：

先将窗台基层清理干净，松动的砖要重新砌筑好。砖缝划深，弹线找方，用水浇透，然后用 1∶2∶3 豆石混凝土铺实，找坡度，以便窗的冷凝水向外排，厚度大于 25mm。次日，刷掺水重 10% 的 108 胶素水泥浆一道，紧跟抹 1∶2.5 水泥砂浆面层，抹灰顺序是先立面、平面，而后底面、侧面。待面层颜色开始变白时，浇水养护 2～3 天。室内窗台板下口抹灰要平直，不得有毛刺，两侧伸入墙面对称 10m。室外窗台下应抹滴水线（图 5-8）。

（7）墙面冲筋：

用与抹灰层相同砂浆冲筋。一般筋宽为 50mm 对应灰饼可充横筋也可充立筋，根据施工操作习惯而定，白灰砂浆可用隔夜筋。

（8）抹底灰：

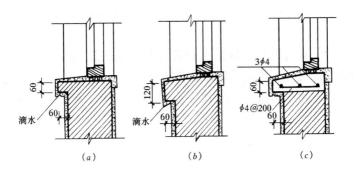

图 5-8　窗台滴水槽图

（a）60mm 厚砖窗台；（b）1200mm 厚砖窗台；（c）混凝土窗台

一般情况下充完筋 2h 左右就可以抹底灰，抹灰时先薄薄地刮一层，接着分层装档、找平，再用大杠垂直，水平刮找一遍（大杠刮灰时应保护冲筋），用木抹子搓毛。然后全面检查底子灰是否平整、阴阳角是否方正、管道处灰是否抹平、墙与顶交接是否光滑平整，并用托线板检查墙面的垂直与平整情况，散热器后边的墙面抹灰应在散热器安装前进行，抹灰面接槎应平顺，抹灰后应及时将散落的砂浆清理干净。

（9）修抹预留孔洞，电气箱、槽、盒：

当底灰抹平后，应立即派专人把预留孔洞，电气箱、槽、盒周边 50mm 的石灰砂浆刮掉，改抹 1:1:4 水泥混合砂浆，把洞、箱、槽、盒周边抹光滑、平整。

（10）抹罩面灰：

当底灰六七成干时，既可开始抹罩面灰（如底灰过干应浇水湿润），罩面灰应二遍成活，厚度约 2mm，最好两人同时操作，一人先薄薄刮一遍，另一个随即抹平，按先上后下顺序进行再赶光压实，然后用铁抹子压一遍，最后用抹子压光，随后用毛刷蘸水将罩面灰污染处清刷干净。

三、冬季施工，应符合下列规定

（1）冬季施工，室内砖墙抹石灰砂浆应有施工方案采取保温措施，拌合砂浆所用的材料不得受冻，涂抹时砂浆的温度不宜低于 5℃。

（2）室内抹石灰砂浆工程施工的环境温度不应低于 +5℃，故需提前做好室内的采暖保温和防寒工作。

（3）用冻结法砌筑的墙应待其解冻后，而且室内温度保持在 +5℃以上，方可进行室内抹灰。不得在负温度和冻结的墙上抹石灰砂浆。

（4）冬季施工要注意室内通风换气排除湿气，应设专人负责定时开关门窗和测温，抹灰层不得受冻。

四、质量标准

（1）抹灰前基层表面的尘土、污垢、油渍等应清除干净并洒水润湿，检查记录。

（2）主控项目材料的品种质量必须符合设计要求和材料标准的规定，各抹灰层之间及抹灰层与基体之间必须粘结牢固，无脱层、空鼓、面层无爆灰和裂缝等缺陷。砂浆配比符合设计要求，检查相关记录。

（3）表面：

普通抹灰：表面光滑、洁净、接槎平整。

高级抹灰：表面光滑洁净、颜色均匀、无抹纹、线角和灰线平直方正、清晰美观。

（4）抹灰应分层进行

当抹灰总厚度大于或等于 35mm 时，应采取加强措施，不同材料基体交接处的抹灰应有防止开裂的加强措施，当采用加强网时，加强网与各基体的搭接宽度不应小于 100mm。

（5）孔洞、槽、盒、管道后面的抹灰表面，尺寸正确，边缘整齐、光滑，管道后面平整。

（6）门窗框与墙体间缝隙填塞密实，表面平整，护角高度符合施工规范的规定，表面光滑平顺。

（7）分隔条（缝）宽度、深度均匀，平整光滑，楞角整齐、横平竖直、通顺。

（8）抹灰层总厚度应符合设计要求，水泥砂浆不得抹在石灰砂浆层上，罩面石膏灰不得抹在水泥砂浆层上。

（9）允许偏差项目，见表 5-2。

石灰砂浆抹面允许偏表 表 5-2

项　次	项　目	允许偏差（mm）		检 验 方 法
		普通	高级	
1	立面垂直	4	3	用 2m 托线板检查
2	表面平整	4	3	用 2m 靠尺及楔形塞尺检查
3	阴阳角方正	4	3	用直角检测尺检查
4	分格条缝平直	—	—	拉 5m 小线和尺检查

五、成品保护

（1）抹灰前必须事先把门窗框与墙连接处的缝隙用水泥砂浆掺麻刀嵌塞密实（铝合金门窗框应留出一定间隙填塞嵌缝材料，其嵌缝材料由设计确定）；门口钉设铁皮或木板保护。

（2）要及时清扫干净残留在窗门框上的砂浆，铝合金门窗框必须有保护膜，并保持到快要竣工需清擦玻璃时为止。

（3）推小车或搬运东西时，要注意不要损坏口角和墙面，抹灰用的大杠和铁锹把不要靠在墙上。严禁蹬踩窗台，防止损坏其棱角。

（4）拆除脚手架要轻拆轻放，拆除后材料码放整齐，不要撞坏门窗、墙角和口角。

（5）要保护好墙上的预埋件、窗帘钩、通风篦子等，墙上的电线槽、盒、水暖、设备预留洞等不要随意抹死。

（6）要注意保护好楼地面面层，不得直接在楼地面上拌灰。

六、应注意的质量问题

1. 门窗洞口、墙面、踢脚板、墙裙上口抹灰空鼓裂缝。

（1）门窗框两边塞灰不严，墙体预埋木砖间距过大或木砖松动，经开关振动将门窗框两边的灰震裂、震空，故应重视门窗框塞缝工作，应设专人负责。

（2）基层清理不干净或处理不当，墙面浇水不透，抹灰后砂浆中的水分很快被基层（或底层）吸收，影响粘结力，应认真清理和提前浇水，使水渗入砖墙里达 8~10mm 即可达到要求。

（3）基层偏差较大，一次抹灰过厚，干缩产生裂缝，应分层衬平，每层厚度为 7~9mm。

（4）配制砂浆和原材料质量不符合要求，应根据不同基层采用不同的配合比配制所需的砂浆，同时要加强对原材料和抹灰部位配合比的管理。

2．抹灰面层起泡，有抹纹、爆灰、开花。

（1）抹完罩面灰后，压光跟得太紧（或浇水过多），灰浆没有收水，故压光后多余的水汽化后产生起泡现象。

（2）底灰过分干燥，因此要浇透水，不然抹罩面灰后水分很快被底灰吸收，故压光时容易出现漏压或压光困难，或浇的浮水过多，抹罩面灰后水浮在灰层表面，压光后易出现抹纹。

（3）使用磨细生石灰粉时对欠火灰、过火灰颗料及杂质没彻底过滤，灰粉熟化时间不够，灰膏中存有未熟化的颗粒，抹灰后遇水或潮湿空气就继续熟化，体积膨胀造成抹灰层的爆裂，出现开花。

3．抹灰面不平，阴阳角不垂直、不方正，抹灰前应认真挂线做灰饼和冲筋，阴阳角处亦要冲筋，顺直，找规矩。

4．往往由于墙体的垂直度、平整度超出允许偏差，造成踢脚板、水泥墙裙、窗台板等上口出墙厚度不一致，上口毛刺和口角不方正，操作时应认真按规范要求吊垂直、拉线找直、找方，按水平线控制，对上口的处理，应在大面抹完后及时返尺把上口抹平、压光。

5．暖气槽两侧，上下窗口墙角抹灰不通顺应按规范要求吊直，上下窗口墙角使用通长靠尺，上下层同时操作，一次做好不要接槎。

6．管道后抹灰不平、不光，管根空裂，应按规范安放过墙套管，管后抹灰应采用专用工具（长抹子或称大鸭嘴抹子、刮刀等）。

7．接顶、接地阴角处不顺直，抹灰时没有横竖刮杠，为保证阴角的顺直,必须用横杠检查底灰是否平整,修整后方可罩面。

第六节 水泥砂浆墙面抹灰

一、范围

包括砖墙、现浇混凝土墙、加气混凝土墙面抹水泥砂浆。

二、砖墙抹水泥砂浆

1. 工艺流程图

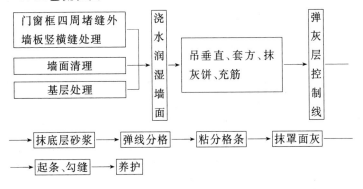

2. 操作要点

（1）门窗口位置正确，安装牢固与立墙交接处应用水泥砂浆加少量麻刀嵌填密实（铝合金门窗填缝材料，应由设计修定）。

（2）墙面的脚手孔洞应堵塞严密、水暖、通风管道通过的墙洞，凿剔后安装的管道洞必须用水泥砂浆堵严。（修补墙面砖应与原墙材质相同）

（3）清除墙面舌头灰和混凝土圈梁的跑浆流坠。清洗墙面油渍等。

（4）墙面要浇水湿润，浇水应适量，夏季可在抹灰的前一天将基层浇至基本饱合，第二天打底。

（5）挂线吊垂直、套方、抹灰饼、充筋，应在门窗的两侧、墙垛和墙面充筋。一般抹灰的制作程序和方法在抹石灰砂浆一节中已经介绍，现仅介绍高级抹灰。首先按房间大小规方，如房间小可用一面墙为基准线用方尺规方。如房间面积较大，应在地面上弹十字中心线，并按墙面基层平整度在地面上弹出墙角（包括墙面）中层抹灰面的基准线、规方。引中心线在距墙角的100mm处，用线坠吊直、弹出垂直线，以此线为准弹出墙角中层抹灰厚度线。而后，每隔1.2～1.5m做出标准灰饼。所有灰饼厚度应控制在7～25mm，如果超出这个范围，就应对抹灰基层进行加固处理。房间进空超过3m，应在上下灰饼之间吊垂线，增加灰饼，间距也以1.2～1.5m为宜。

（6）冲筋程序与抹石灰砂浆近似，但抹水泥砂浆不允许使用隔夜筋。

（7）抹室内窗套的方法：抹门窗口套可以随墙面一起打底，在窗口两侧弹垂直线，口的上下弹水平线，检验窗安装的垂直度，并校核上下、左右窗彼此位置是否与设计图相符。用尺量砖墙口与窗框外皮距离，确定窗四周的抹灰厚度，减去罩面灰厚，在窗口两侧贴灰饼，套方弹外口线，窗台和上脸与两侧打底，而后口四周贴尺，尺外口即是套的外口，套方、吊正后分层打底灰，外口贴尺找方、直，起里口尺，翻卡到外侧抹里口罩面灰，拆尺返回原位，抹外罩面灰。拆尺，用阳角抹子修角。

（8）室外窗套分两种：其一是用黏土实心砖、斗砌；其二是现浇钢筋混凝土套抹灰的方法，是吊正、校核上下、左右各套之间里外口是否通顺，确定套外侧抹灰厚度。尺量窗框外皮与口之间的距离并拉线校正各套之间误差值，确定套外口宽度。而后弹线，先里后外反尺施抹（在细部抹灰继续讲）（图5-9）。

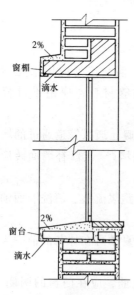

图5-9　窗套抹灰图

（9）抹底灰时，抹子贴紧墙用力均匀，把砂浆挤入砖缝，砂浆与墙面粘结牢固，但是铁抹子不宜在上面多压，用目测控制其平整度。

（10）底灰与中间灰抹完后都扫毛。

（11）面层灰应待中层灰凝固后进行（一般在抹完中层灰第二天），外墙应根据设计先弹分格线，粘分格条（此条使用前应提前 1d 在水中浸泡）、粘滴水线，用素水泥掺少量纸筋灰稳住分格条，墙面洇水抹 1:2.5 水泥砂浆，室内可抹 1:0.5:3.5 的水泥，灰膏的混合砂浆厚度为 5~8mm。先薄薄的刮一层素水泥膏，使其与底灰粘牢，紧跟抹罩面灰与毛刷刷蘸水，上下垂直轻刷一遍，减少收缩裂缝和保持颜色基本一致。起分格条、勾缝（分格条是为了减少收缩裂缝）。

（12）外墙抹灰的顺序一般是从下向上打底，面层是由上向下抹。

三、现浇混凝土墙抹水泥砂浆

工艺程序与操作方法与前面讲的砖墙抹水泥砂浆近似，不同之处主要是混凝土墙面的表面光滑，且经常带有模板的隔离剂，容易造成基层与抹灰层之间空鼓、开裂和脱落，所以要求基层进行"毛化"处理，其方法有两种（即操作要点）：

（1）是将其光滑的表面凿剔毛，使其表面粗糙，用水湿润。

（2）将光滑的表面清扫干净，用 10% 的水碱水清除混凝土表面的油污，将碱液冲洗干净后晾干，采用机械喷涂或用笤帚甩上一层 1:1 稀粥状水泥粗颗粒砂浆（内掺 20% 的 108 胶水拌制），使其凝固在混凝土光滑的表面，用手掰不动为好。

四、冬季施工

见第六章季节性施工。

五、抹防水砂浆准备工作

（1）混凝土基层表面遇有蜂窝、麻面、孔洞，应除去松散部分，用水洗净，再刷素水泥浆，抹平、抹压。或用 1:2 干硬性水泥砂浆捻实。

（2）石灰砂浆或混合砂浆砌筑的砖墙，必须剔砖缝 10mm 深。

（3）预埋铁件或管道露出基层时，必须在周围剔成 20～30mm 宽和深的沟，用 1∶2 干硬性水泥砂浆捻实。

六、质量标准

1．一般项目

（1）一般抹灰工程的表面质量应符合验收规范规定。

（2）普通抹灰表面应光滑、洁净、接槎平整，分格缝应清晰。

（3）高级抹灰表面应光滑、洁净，颜色均匀，无抹纹，分格缝和灰线应清晰美观。

2．检验方法

观察、手摸检查。

（1）护角、孔洞、槽、盒周围的抹灰表面应整齐、光滑、管道后面的抹灰表面应平整。

（2）抹灰层的总厚应符合设计要求：水泥砂浆不得抹在石灰砂浆层上，罩面石膏灰不得抹在水泥砂浆层上。

（3）抹灰分格缝的设置应符合设计要求，宽度和深度应均匀，表面应光滑，棱角应整齐。

（4）有排水的部位应做滴水线（槽），滴水线（槽）应整齐顺直。滴水线应内高外低，滴水槽的宽度和深度均不应小于 10mm。

3．一般抹灰工程质量的允许偏差和检验方法应符合表 5-3 的规定。

一般抹灰工程质量的允许偏差和检验方法　　　表 5-3

项次	项目	允许偏差（mm）		检验方法
		普通抹灰	高级抹灰	
1	立面垂直度	4	3	用 2mm 垂直检测尺检查
2	表面平整度	4	3	用 2mm 靠尺和塞尺检查

项次	项目	允许偏差（mm）		检验方法
		普通抹灰	高级抹灰	
3	阴阳角方正	4	3	用直角测尺检查
4	分格条（缝）直线度	4	3	拉 5m 线，不足 5m 拉通线用钢直尺检查
5	墙裙、勒脚上口直线度	4	3	拉 5m 线，不足 5m 拉通线用钢直尺检查

注：普通抹灰，本表第 3 项阴角方正可不检查。

七、注意的质量问题

参照水刷石相关章节内容。

第七节 加气混凝土墙面抹灰

一、范围

包括加气混凝土条板或加气混凝土砌块墙体抹灰，其中包括白灰砂浆墙面、水泥踢脚、水泥墙裙和水泥护角。

二、工艺流程

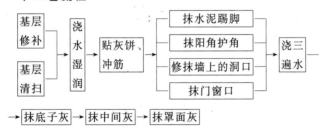

三、技术要点

（1）基层处理：

加气混凝土的基层处理前面已经讲述，不再重复了。介绍的两种处理方法都是华北地区和西北地区建筑构造通用图集。

（2）基层修补是指：

松动的砌块、灰浆不饱满的灰缝或梁、板下的顶头缝，以及墙面凹凸不平，缺棱掉角和设备管线、盒洞等用 108 胶掺水泥修补实、严、平顺，用靠尺检查垂直、平整度符合验收标准。

（3）由于加气混凝土的吸水性有先快后慢，容量大而延续时间长的特点，所以基层表面必须进行处理，其作用是：①保证抹灰层有良好的凝结硬化条件，以保证抹灰层不致在水化（或气化）过程中水分被加气制品吸走而失去预期要求的强度，甚至引起空鼓、开裂；②对室内抹灰可阻止或减少，由于室内外温差所产生的压力（在北方的冬季尤为突出）使室内水蒸气向墙体内迁移的进程。基层表面处理的方法是多样的，设计和施工单位可根据本地材料和施工方法的特点加以选用。我们在前面介绍的浇水及刷素水泥浆和刷 108 胶素水泥浆以及刮糙处理法供参考。

（4）在基层处理完毕后，应立即进行抹底灰（基层处理的必要性和处理方法在本章前几节已讲述）。

（5）抹灰砂浆的选择：底灰材料应选择与加气混凝土材料相适应的抹灰材料，如强度、弹性模量和收缩值等应与加气混凝土接近。

（6）每层抹灰厚度应小于 10mm，如找平有困难需要加厚，应分层分次逐步加厚，每次间歇时间，应待前一次抹灰层终凝后进行，切忌连续流水作业。

（7）大面抹灰前的"冲筋"砂浆，埋设管线的修补砂浆应与大面抹灰材料一致，切忌采用高标号砂浆。

（8）外墙抹灰应进行养护。

（9）外墙抹灰在寒冷地区不宜冬季施工。

（10）底灰与基层表面应粘结良好，不得空鼓开裂。

四、操作要点

（1）贴灰饼、冲筋的方法与前面讲过的方法相同，只是所用的砂浆是 1∶1∶6，水泥、石灰混合砂浆。厚度以满足墙面抹灰，并达到垂直平整度为宜。

（2）抹墙裙和踢脚，首先处理表面基层，如先刮糙 108 胶水泥膏，立即抹 1:1:8 混合砂浆底灰，厚约为 5mm 随之抹第二遍 1:1:6 水泥混合砂浆（中层灰）与所充筋抹平表面用木抹搓毛，在中层灰达到五六成干时，用水泥、石灰膏混合砂浆抹罩面层。抹平、压光。上口用靠尺切割找平、压光。厚度应一致，一般以凸出墙面灰层 5~7mm 为宜。

（3）抹门窗口及水泥护角，其方法与程序见抹墙裙，护角的高 2m，宽墙两侧不少于 50mm，门窗应先套方，其他是基底的糙化处理，即 10% 的 108 胶拌和素水泥浆刷在基层上用 1:1:6 水泥混合砂浆打底，用 1:0.5:3 水泥混合砂浆与标筋找平。做护角要两面贴靠尺，待砂浆稍干后再用素水泥膏找成小圆角，其厚度应与罩面灰平。

（4）抹底灰：

在刷素水泥浆后应立即抹灰，否则将形成隔离层。第一遍抹 1:1:6 水泥、石灰膏混合灰，厚 5mm 扫毛或划出纹线，养护干、硬后，再 1:3 石灰砂浆（或用 1:3:9 水泥混合砂浆）抹第二遍，厚度与冲筋平，用大杠将墙面刮平，木抹子搓平。用托尺板检查，要求垂直、平整、阴阳角方正，与顶板、梁、墙面交接通顺。管道、阴角顺直、平整、洁净。

（5）修抹墙上的箱槽孔洞：

在底灰抹完后，将箱、盒、洞周边 50mm 内的底子灰清理干净，用 1:1:4 水泥混合灰修抹平齐、方正。

（6）抹罩面灰，以纸筋灰为例：

底灰七成干时即开始抹，第一遍薄了的刮一层，随后抹平，粗压一遍，再抹第二遍，从上到下顺序进行，压实、压光。

五、应注意的质量问题

（1）请看水泥砂浆和石灰砂浆抹灰的对应章节。

（2）粘结不牢、空鼓、裂缝：是加气混凝土抹灰最常见的质量问题，应学习本章"抹灰前的准备工作"中的基层处理和本节"技术要点"选择适当的技术措施。

第八节 墙面水刷石施工工艺

一、范围

本标准适用于混凝土墙面，砖砌体墙面作水刷石、水刷豆石。

二、混凝土墙施工工艺

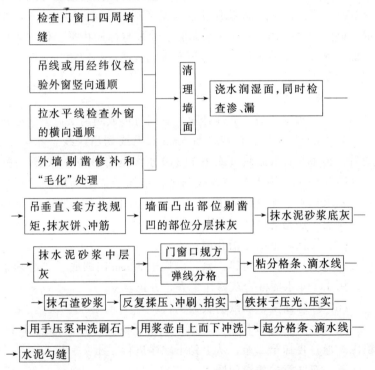

三、技术要点

（1）基层处理要彻底清除浮灰、浮皮，用钢丝刷子将尘土刷净，清水冲洗，如有脱模剂等油污，应用掺10%的火碱的水刷净，再用清水冲洗，晾干后剁毛或用1:1掺水量20%的108胶的水泥砂浆甩毛，硬化后浇水养护，直到砂浆用手掰不脱开始抹灰，涂界面剂要求随涂随抹，在抹灰时界面剂不能干。也可以采用刷界面剂随即甩一层粗砂，待其干硬后再抹灰。

（2）浇水时要检查外墙面有无渗漏，如发现渗漏待修补后再浇水，直到无渗漏为止。

（3）吊垂直，若是高层，外墙大角或窗口部位用经纬仪打垂直线，分层拉水平线找规矩，使横竖达到平整，而后贴灰饼、冲筋。

（4）凸出部位剔凿，但不得损伤钢筋。凹部位垫灰应待基层处理后分层垫，但总厚度不得超出35mm，如超出应作加强处理，经隐蔽验收后再抹灰。

（5）基层处理："毛化"之后，或随刷界面剂随即抹灰，常温打底，第一遍1:1:6（混合砂浆），或者依据华北、西北地区作法是先刮一道掺3%~5%的108胶的素水泥浆，紧随抹6mm厚1:0.5:3水泥混合砂浆。第二遍在底灰上刮一道掺3%~5%的108胶的素水泥浆紧随抹8mm厚1:1.5水泥石渣灰（选用小八厘）或抹10mm厚1:1.25水泥石渣灰（中八厘）罩面（由于各地区的气温与湿度不同又有自己的习惯配合比，所以配合比可调整）。

（6）第一遍灰与第二遍灰之间有弹线、贴分格条和滴水线一道工序，该分格条应按设计图进行。分格条要求贴平与面层灰一平，而且要方正、横平竖直，各类接头都要交圈对口。滴水线按规范和图纸位置贴，也要平直。

（7）面层石渣灰（即第二遍灰）抹完稍吸水之后，用铁抹子将露出的石渣轻轻拍平，然后用毛刷蘸水刷去表面浮浆，拍平压光，如此反复进行3~4遍，待石渣大面朝外，表面排列均匀，待面层开始初凝，手按无痕，用毛刷刷不掉石粒，即可用毛刷刷去石渣面的浮浆。

（8）在刷浮浆随后即水压泵从上至下冲洗，喷头和压力应视冲洗状况调整，以露出石渣不损伤结合的水泥浆为准。最后用小水壶浇水将石渣表面冲净，待墙面水分收干后，起出分格条及时用水泥勾缝。

四、冬、雨季施工应注意事项

（1）冬季施工期间为防止灰层受冻，砂浆内不宜掺入石灰膏，为了砂浆的和易性可掺入同体积的粉煤灰代替。

（2）冬施期间应使用热水拌合，并采用保温措施，涂抹时砂浆温度不宜低于 +5℃，在抹灰层硬化初期不得受冻。

（3）如掺防冻剂，其掺量应按早晨七点半大气温度计量。

（4）严冬不得施工。

（5）雨季期间应有遮挡措施，避免损伤。

五、质量验收标准

（1）文件资料齐全：

包括设计文件、材料产品合格证、性能检测、进场验收记录和复验报告（水泥强度与安定性复验报告）、抹灰层超厚（超过35mm）、加强的隐蔽验收记录、施工记录等。

（2）无脱层、空鼓和裂缝。

（3）门窗口横平竖直，门窗口、檐口滴水线齐全。

（4）表面石粒清晰，分布均匀，紧密平直，色泽一致，应无掉粒和接槎痕迹。

（5）装饰抹灰分格条（缝）的设置应符合设计要求，宽度和深度均匀，表面平整光滑，棱角应整齐。

（6）允许偏差：平整度 3mm（2m 靠尺），分格缝的顺直 2mm（拉 5m 线检查）。

六、应注意的质量问题

（1）灰层粘结不牢、空鼓：

原因是基层未浇水湿润，基层没有清理或清理不干净，每层灰跟得太紧或一次抹灰太厚，打底后没浇水养护，混凝土外墙板太光滑，且基层没"毛化"处理，板面酥皮未剔凿干净，分格条两侧空鼓是因为起条时将灰层拉裂。应注意基层的清理、浇水，各层灰控制抹灰厚度不能过厚，打底灰抹好 24h 注意浇水养护，对预制混凝土外墙板一定要清除酥皮，并进行"毛化"处理。

（2）墙面脏、颜色不一致，刷石墙面没抹平压实，凹坑内水泥浆没冲洗干净，或最后没用清水冲洗干净，原材料一次备料不够，水泥或石渣颜色不一致或配合比不准，级配不一致，操作时应揉压抹平。

使其无凸凹不平之处，最后用清水清刷干净，要求刷石配合比有专人掌握，所用水泥、石渣应一次备齐。

（3）坠裂、裂缝，原因是面层厚度不一，冲刷时厚薄交接处由于自重不同坠裂，干后裂缝加大，压活遍数不够，灰层不密实，也易形成抹纹或龟裂，石渣内有未熟化的颗粒，遇水后体积膨胀将面层爆裂。要求打底灰一定要平整，面层施工一定要按工艺标准边刷水边压。直至表面压实、压光为止。

（4）烂根，刷石与散水及腰线等接触的平面部分没有清理干净，表面有杂物，待将杂物清除后形成烂根，由于在下边施工困难，压活遍数不够，灰层不密实，冲洗后形成掉渣或局部石渣不密实，刷石与散水和腰线接触部位的清理，刷石根部的施工要仔细和认真。

（5）阴角刷石，墙面刷石污染、混浊、不清晰，阴角做刷石分两次做两个面，后刷的一面就污染前面已刷的一面，整个墙面多块分格，后做的一块，污染已刷完的，应解决好施工程序，减少交叉污染。

（6）刷石留槎混乱，整体效果差，刷石槎子应留在分格条中或水落管后边，或独立装饰部分的边缘处，不得留在块中。

第九节　外　墙　干　粘　石

一、范围

适用于室外砖墙、混凝土墙。干粘石工艺是建筑物的外饰面中的一种，造价低、施工方便、美观，应用广泛（分人工甩与机喷两种）。

二、工艺流程

抹粘石砂浆之前的做法与水刷石墙面相同不再重复，该工艺从抹粘石砂浆开始。

抹粘石砂浆 → 粘石 → 拍平修整 → 起条、勾缝 → 养护

三、人工操作方法及技术要点

（1）抹粘石砂浆：

粘石砂浆主要有两种：一种是素水泥浆内掺20%的108胶配制而成的聚合物水泥浆；另一种是聚合物水泥砂浆。水泥：石灰膏：中砂：108胶＝1：0.15：1.5：0.15。抹灰层厚度应按石渣的粒径选择，一般是石粒粒径的1～1.2倍（约4～6mm），应低于分格条1～2mm，表面抹平，砂浆稠度不大于8cm（粘石粒径4～6mm）。

（2）甩石渣：

粘石砂浆抹好后，稍停片刻等砂浆表面水气已无，手按有窝但没水析出即可。甩石渣时一手拿料斗（用窗纱钉的筛子盒）一手拿木拍，用木拍铲上石渣后在小木拍上晃动一下，使石渣均匀的撒布，反手甩到已抹好的砂浆上，从边角处开始向中间甩，动作要快、要连惯，用力均匀，使石粒均匀地嵌入粘结层砂浆中，用干净的抹子轻轻拍，将石渣压入灰层中，一般石渣粒径2/3在砂浆中，1/3在外露。如发现石渣甩的不均匀的局部，应用抹子或手直接去补贴，否则墙面会出现裂缝。

（3）拍压石渣时用力要适当，即把石渣拍入砂浆中又不出现翻浆，应在砂浆初凝之前完成全部工作。

（4）粘石顺序：

应当先小面后大面，大小面交角处应采用贴八字靠尺抹砂浆，起尺后及时用筛底小米粒石修补里边，并粘结密实。

（5）甩完后及时检查有无黑边和坠裂现象及时修理。

（6）抹完后及时起分格条和滴水条，起条后用抹子将条口两侧的灰轻轻按一下，防止起条拉动了两侧灰浆。而后用素水泥浆勾缝。

（7）养护：

抹完第二天即可淋水养护，常温下养护 2~3 天。

四、机喷

主要是指机械喷石料的做法。

抹好粘结层后，一人手持喷枪，一人向喷枪的漏斗内装料。先喷边角后喷大面。喷大面时自上而下以避免砂浆流坠。喷枪垂直于墙面，喷嘴距墙约 150~250mm，气压以 0.6~0.8MPa 为宜，待砂浆刚吸水时用橡胶滚从上往下轻轻滚压一遍。石渣应喷的均匀密实，喷阳角时被喷成的另一侧应贴八字尺，注意角上不露黑边（图 5-10）。

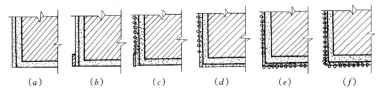

(a)　　　(b)　　　(c)　　　(d)　　　(e)　　　(f)

图 5-10　阳角喷石粒图

(a) 抹一面墙砂浆；(b) 放置贴有布条的靠尺板；(c) 一面喷石滚压；(d) 拿掉靠尺板（布条留在砂浆上）；抹另一面；(e) 取掉布条，刷少量 108 胶水溶液；(f) 喷石、滚压和修整

五、冬季施工

见水刷石章节。

六、质量标准

见水刷石章节。

七、应注意的质量问题

（1）空鼓问题与防治措施见水刷石章节。

（2）面层坠裂：

1）原因：

面层灰薄厚不均，拍打石渣时产生翻浆或产生裂缝，雨季施工缺少防雨或底灰浇水过多及粘石灰太稀。

2）防治措施：

垫层即是找平层，应抹平整，基层浇水不能太大应按季节掌握。雨季应有相应的方案，应控制砂浆的稠度。

（3）露黑边和石渣不均匀：

1）原因：

黑边往往产生在分格条两侧和阳角部位，原因是分格条比较干，吸水快所以两侧灰干的快，粘不上石渣。阳角是抹灰时没采用八字靠尺，起尺后又没及时修边。

2）防治措施：

分格条使用前先泡水浸透，甩石渣时应先甩分格条部位，而后再向面部甩，需要及时修理。

（4）石渣浮动手触即掉：

1）原因：石粒粒径过大，则不易拍或压入粘结层内达不到粒径的 1/2 会影响牢固。

喷石渣的时间掌握不好，粘石后已拍不动。

2）防治措施：抹粘石渣灰之前，应浇水润湿基层灰。应掌握好甩石渣的时机。

第十节　蘑菇石饰面、拉毛洒毛灰饰面

一、范围

适用于外墙装饰抹灰。

二、工艺流程

基层处理 → 找规矩 → 墙面浇水润湿 → 打底灰 → 弹线分格

→ 粘分格条 → 抹找平层 → 弹刷面层灰 → 起条勾缝

三、操作过程和技术要点

（1）基层处理：见水刷石章节。

（2）底层灰用掺 10% 108 胶的 1:3 水泥砂浆涂抹搓平。

（3）分格条贴的应横平、竖直。

（4）抹 1:（2~2.5）水泥砂浆衬垫灰。厚度控制为 15mm 与分格条平。

（5）用小弹力刷将面层砂浆弹在衬垫灰层上，分层弹，每次

不宜太多，要弹出大小不等的砂浆堆。

（6）表面收水分之后用软毛刷蘸水轻轻刷按，形成不规划的表面，每隔半小时涂一次水泥浆，凝固后起分格条并勾缝，面层可以弹成各种颜色。

四、拉毛灰

拉毛装饰灰是在水泥砂浆或水泥混合砂浆的底、中层抹灰完成后在其上再涂，抹水泥混合砂浆或纸筋石灰浆，用抹子或硬毛鬃刷等工具将砂浆拉出波纹或突起的毛头而做成装饰面层。适用于有音响要求和礼堂、影剧院等室内墙面，也常用于外墙面。

拉毛灰的基体处理与一般抹灰相同，其底层与中层抹灰要根据基体的不同及罩面拉毛灰的不同而采用不同的砂浆。如纸筋石灰罩面拉毛，其底、中层抹灰使用 1:0.5:4 的水泥石灰砂浆，各层厚度均 7mm 左右，其纸筋石灰面层厚度由拉毛长度决定，一般为 4~20mm。水泥石灰砂浆拉毛的底、中层抹灰一般采用 1:3 水泥砂浆或 1:1:6 水泥砂浆。条形拉毛的底、中层抹灰采用 1:1:6 水泥石灰砂浆，面层使用 1:0.5:1 的水泥石灰砂浆。

五、洒毛灰

洒毛灰饰面与前两种饰面近似，用毛柴帚蘸罩面砂浆洒在抹灰中层上，形成大小不一但又具一定规律的毛面。面层通常用 1:1 水泥砂浆洒在带色的中层上，操作时应一次成活，不能补洒，在一个平面上不留接槎。基本作法是用 1:3 水泥砂浆抹底层和中层，共厚 15mm，浇水养护用毛柴帚将 1:0.5:0.5 水泥石灰砂浆或 1:1 水泥砂浆洒出云头状毛面，块大小要适中（直径约 10~20mm）厚度 6~8mm，洒毛稍干时用铁抹子轻轻压平毛尖。

六、应注意的质量问题

1. 流坠

（1）产生原因：色浆过多，配合比不准确，基层过潮。

（2）防治措施：严格掌握水灰比，根据基层干湿程度去调整水灰比。

2. 起粉、掉色

（1）产生原因：由于颜料掺量过多，缺乏足够的水泥浆薄膜包裹，颜色颗粒影响了水泥色浆强度。

（2）防治措施：先试配件样板。

3. 拉丝

（1）产生原因：掺胶过多，气温过高。

（2）防治措施：配比要准确，要充分搅拌。

第十一节　斩假石施工工艺

一、范围

适用于建筑装饰饰面工程中的斩假石施工。

二、施工准备

1. 材料及主要机具

（1）水泥：

强度等级 32.5 普通硅酸盐水泥（或 325 号白水泥）应有出厂证明或复试单，当出厂超过三个月按试验结果使用。

（2）砂子：

粗砂或中砂。用前要过筛，砂泥的含泥量不超过 2%，不得含有草根等杂物，对含泥量应定期试验。

（3）石渣：

小八厘（粒径在 4mm 以下）应坚硬、耐光。

（4）108 胶和矿物颜料：

颜料应耐碱、耐光等。

（5）主要机具：

磅秤、铁板、孔径 5mm 筛子、手推车、大桶、小水桶、喷壶、灰槽、水勺、灰勺、平锹、托灰板、木抹子、铁抹子、阴阳角抹子、单刃斧或多刃斧、细砂轮片(修理和磨斧用)钢丝刷、铁制水平尺、钢卷尺、方尺、靠尺、米厘条、笤帚、大杠、中杠、小杠、小白线、粉线包、线坠、钢筋卡子、锤子、錾子、钉子、胶鞋、工具袋等。

2. 作业条件

（1）做斩假石前首先要办好结构验收手续，少数工种（水、电、通风、设备安装等）应做在前面，水电源齐备。

（2）做台阶、门窗套时要把门窗框立好并固定牢固，把框的边缝料嵌塞好边缝，预防污染和腐蚀。

（3）按照设计图纸的要求，弹好水平标高线和柱面中心线并提前支搭好脚手架。（应搭双排架，其横竖杆及支杆等应离开墙面和门窗口角 150～200mm。架子的步高要符合施工要求）

（4）墙面基层清理干净,堵好脚手眼,窗台、窗套等事先砌好。

（5）石渣用前要过筛，除去粉末、杂质，清洗干净备用。

三、操作工艺

1. 工艺流程

基层处理 → 吊垂直、套方、找规矩 → 贴灰饼 → 抹底层砂浆 → 抹面层石渣
→ 浇水养护 → 弹线 → 剁石

2. 基层处理

首先将凸出墙面的混凝土或砖剔平，对钢模施工的混凝土墙面凿毛，并用钢丝刷满刷一遍再浇水湿润，如果基层混凝土表面光滑亦可采取如下的"毛化处理"办法，即先将表面尘土、污垢清扫干净、晾干，然后用1:1水泥细砂浆内掺用水量20％的108胶喷或用笤帚将砂浆甩到墙上，其甩点要均匀，终凝后浇水养护直到水泥砂浆疙瘩全部粘到混凝土光面上，并有较高的强度（用手掰不动）为止。

3. 吊垂直、套方、找规矩、贴灰饼

根据设计图纸的要求把设计需要做斩假石的墙面、柱面中心线和四周大角及门窗口角用线坠吊垂直线、贴灰饼找直，横线则以楼层为水平基线或 + 50mm。标高线交圈控制，每层打底时则以此灰饼作为基准点进行冲筋套方、找规矩、贴灰饼，以便控制底层灰，做到横平竖直，同时要注意找好突出檐口、腰线、窗台、雨篷及台阶等饰面的流水坡度。

4. 抹底层砂浆

结构面提前浇水湿润，先刷一道掺用水量10%的108胶的水泥素浆，紧跟着按事先冲好的筋分层分遍抹1:3水泥砂浆，第一遍厚度宜为5mm，抹后用笤帚扫毛，待第一遍六至七成干时即可抹第二遍，厚度约6~8mm并与筋抹平，用抹子压实、刮杠、找平、搓毛，墙面阴阳角要垂直方正，终凝后浇水养护，台阶底层要根据踏步的宽和高垫好靠尺抹水泥砂浆，抹平压实，每步的宽和高要符合图纸的要求，台阶面向外坡1%。

5. 抹面层石渣

根据设计图纸的要求在底子灰上弹好分格线，当设计无要求时也要适当分格。

首先将墙、柱、台阶等底子灰浇水湿润，然后用素水泥膏把分格米厘条贴好，待分格条有一定强度后便可抹面层石渣，先抹一层素水泥浆随即抹面层，面层用1:1.25（体积比）水泥石渣浆，厚度为10mm左右，然后用软毛刷蘸水把表面水泥浆刷掉，使露出的石渣均匀一致，面层抹完后约隔24h浇水养护。

6. 剁石

抹好后，常温（15~30℃）约隔2~3d可开始试剁，在气温较低时（5~15℃）抹好后约隔4~5d可以开始试剁，如经试剁石子不脱落便可以正式剁，为了保证棱角完整无缺，使斩假石有真石感，可在墙角、柱子等边棱处，宜横剁出边条或留出15~20mm的边条不剁。

为保证剁纹垂直和平行，可在分格内划垂直控制线或在台阶上划平行垂直线，控制剁纹、保持与边线平行。

剁石时用力要一致，垂直于大面，顺着一个方向剁，以保证剁纹均匀，一般剁石的深度以石渣剁掉三分之一比较适宜，使剁成的假石成品美观大方。

四、冬季施工

（1）一般只在初冬期间施工，严冬阶段不能施工。

（2）冬季施工，砂浆的使用温度不得低于5℃，砂浆硬化前应采取防冻措施。

（3）砂浆抹灰层硬化初期不得受冻，气温低于5℃时，室外抹灰所用的砂浆可掺入能降底冻结温度的外加剂，其掺量应由试验确定。

（4）用冻结法砌筑的墙，应待其解冻后再抹灰。

五、质量标准

（1）保证项目：

1）斩假石所用材料的品种、质量、颜色、图案，必须符合设计要求和现行标准的规定。

2）各抹灰层之间及抹灰层与基体之间必须粘结牢固，无脱层、空鼓和裂缝等缺陷。

（2）基本项目：

1）表面剁纹均匀顺直，深浅一致、颜色一致，无漏剁处，阳角处横剁或留出不剁的边应宽窄一致，棱角无损坏。

2）分格缝宽度和深度均匀一致，条（缝）平整光滑，棱角整齐，横平竖直通顺。

3）滴水线（槽）流水坡向正确，滴水线顺直，滴水槽宽度均不小于10mm，整齐一致。

（3）斩假石允许偏差项目，见表5-3。

斩假石的允许偏差　　　　　　　　　　表 5-3

项次	项　　目	允许偏差（mm）	检　验　方　法
1	立面垂直	4	用2m托线板检查
2	表面平整	3	用2m靠尺和楔形塞尺检查
3	阴、阳角垂直	3	用2m托线板检查
4	阴、阳角方正	3	用20cm方尺和楔形塞尺检查
5	墙裙、勒脚上口平直	3	拉5m小线和尺量检查
6	分格条平直	3	拉5m小线和尺量检查

六、注意质量问题

（1）空鼓裂缝：

1）因冬季施工气温低，砂浆受冻，到来年春天化冻后容易产生面层与底层或基层粘结不好而空鼓，严重时有粉化现象，因此在进行室外斩假石时应保持正温，不宜冬期施工。

2）一层地面与台阶基层回填土应分步、分层夯打密实，否则容易造成混凝土垫层与基层沉陷，台阶混凝土垫层厚度不应小于 8cm。

3）基层材料不同时应加钢板网，不同做法的基础地面与台阶应留置沉降缝或分格条，预防产生不均匀的沉降与裂缝。

4）底层、面层总厚度超过 35mm 者，在底层应加直径 4mm 或直径 6mm 的钢筋网，其间距为 200mm，预防产生裂缝。

5）基层表面偏差较大，基层处理或施工不当，如每层抹灰跟的太紧又没有洒水养护，各层之间的粘结强度很差，面层和基层就容易产生空鼓裂缝。

6）基层清理不净又没有做认真的处理，往往是造成面层与基层空鼓裂缝的主要原因，因此必须严格按工艺标准操作，重视基层处理和养护工作。

（2）剁纹不匀，主要是没掌握好开剁时间，剁纹不规矩、操作时用力不一致和斧刃不快等造成，应加强技术培训、辅导和抓样板，以样板指导操作和施工。

（3）剁石面有坑，大面积剁前未试剁，面层强度所致。

第十二节　顶板抹灰工艺

一、必备条件
屋面防水已作完，更重要的是上一层地面必须作完。

二、工艺流程

搭脚手架 → 基层处理 → 弹线、套方找规矩 → 抹底灰 → 抹中层灰 → 抹罩面灰

（基层处理）
1. 清扫尘土污垢。
2. 10% 火碱水清油污，而后净水冲洗。
3. 1：1 水泥细砂浆内掺 20% 108 胶喷或甩到顶上。

三、技术与操作要点

（1）架子应经过计算，脚手板距顶板高度应在1.7m左右。

（2）依据《建筑装饰装修工程质量验收规范》（GB50210—2001）的4.1.12条的条文说明："经研究发现，混凝土（包括预制混凝土）顶棚基体抹灰，由于各种因素的影响。抹灰层脱落的质量事故时有发生，严重危及人身安全，引起了有关部门的重视，如北京市为解决混凝土顶棚基体表面抹灰层脱落的质量问题，要求各建筑施工单位不得在混凝土顶棚基体表面抹灰。用腻子找平即可，5年来取得了良好的效果"。说明抹灰层与基体结合牢固是该工艺的关键工序。

1）首先将混凝土的突出部分剔掉，保持板的平整而后凿毛并用钢丝刷子满清刷一遍，再浇水润湿。

2）也可采用108胶掺水泥作毛化处理，即先将表面尘土、污垢清扫干净，用10%的火碱水将顶面的油污刷掉，随之用清水将碱液冲净、晾干，然后用1:1水泥细砂浆、内掺用水量20%的108胶，喷或用笤帚将砂浆甩到顶板上，其甩点要均匀、终凝后浇水养护，直至水泥砂浆疙瘩全部粘满混凝土光面上，并有较高的强度（用手掰不动）为止。

（3）弹线、套方、找规矩，根据500mm水平线向上延伸弹出靠近顶板四周的平线（一般距离顶板100mm），作为顶板抹灰水平控制线。抹灰厚度应控制在15mm之内。

（4）抹底子灰（也称为粘结层）：

抹灰之前，应用清水润湿基层，再用108胶与素水泥浆刷一遍，随刷随抹，预制混凝土顶板一般采用1:0.5:4水泥石灰砂浆打底或采用1:3水泥砂浆，厚度8mm，分两遍连续操作。现浇混凝土楼板顶棚采用1:0.5:1水泥石膏砂浆打底，厚2~3mm，操作时用力压，将灰与楼板结合。

（5）抹中层（即找平层）：

待底灰凝结，用1:3:9混合砂浆厚6mm左右，抹的顺序应先依据四周平线圈边，后抹大面，便于按水平线找规矩。

（6）中层灰圈完四边之后，按周边的水平线刮平，即起到充筋作用，还可以使阴角顺直。

（7）抹中层灰一般从房间里侧向门口方向的顺序，也可顺光线方向，可以遮掩接槎的平整度。无特殊要求时，该层灰仅要求顺平。厚度均匀，接槎平整，最后用木抹子搓平。

（8）抹面层灰：待中层灰六七成干（手按还软，但无明显指印），也可大流水抹灰等基本干燥后再抹，面层多用纸筋灰，分二次操作，最好是两人配合，第一遍只是薄薄的刮一层，第二遍要抹平，稍吸水后用铁皮抹子顺原抹纹方向压实、压光。

四、质量标准

（1）依据《建筑装饰装修工程质量验收规范》（GB50210—2001）表"4.2.11"注：顶棚抹灰，表面平整度可不检查，但应顺直。

（2）与基层结合牢固，各层之间形成整体。

（3）阴角顺直，观感平整、光滑，颜色一致、无裂纹、无接槎痕迹。

第十三节　钢板网墙面抹灰

一、范围

在钢板网墙体上的抹灰工程。

二、工艺流程

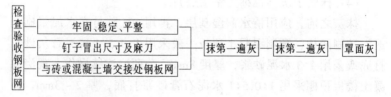

三、技术要点

（1）粘结层用麻刀灰掺 10% 水泥调制的水泥石灰麻刀浆。用于板条和钢板网时，稠度为 40～60mm，底层砂浆，俗称小砂子灰。配合比为 1:3 石灰砂浆。找平层石灰砂浆配合比为1:2.5(或用 1:3:9 水泥石灰混合砂浆)面层用纸筋灰罩面(或用 1:3:9 混合砂浆)。

（2）抹灰前，应检查钉得是否牢固、平整，不合适的要进行适当调整、加固。钢板网墙与砖墙接触处应加钉铁丝网，门窗洞口系麻丝的小钉是否钉匀，如有不符及时纠正。

（3）由于钢板网与砂浆的粘结力差，所以在抹找平层前要先抹粘结层，用稠度不同的水泥石灰麻刀浆抹入墙面，使灰浆挤入缝隙在边上形成蘑菇状，以防抹灰层脱落，抹完水泥石灰麻刀浆后紧跟着薄薄地抹小砂子灰一层，要压入麻刀灰浆中无厚度，形成底子灰，当底子灰六七成干时用1:2.5石灰砂浆找平，用托线板挂垂直，刮尺刮平，用木抹子搓平。

（4）罩面时要在找平层六七成干时进行，罩面前，视找平层颜色决定是否洒水湿润（一般见白洒水），然后开始罩面，面层纸筋灰要分两遍完成，两遍灰要相互垂直抹，以增加抹灰层的粘结力，厚度为2mm，遇有门窗洞口时将粘结层内埋入系麻丝的小钉，刮小砂子灰时，可用1:3水泥砂浆略加石灰麻刀浆（1:1:4混合砂浆掺麻刀）。中层找平用1:3水泥小砂浆（或用1:0.3:3混合砂浆略掺麻刀），面层用1:2.5水泥砂浆（或用1:0.3:3混合砂浆）抹护角，墙体下部的踢脚线或墙裙所用灰浆各层的配比可同护角。

（5）钢板网的门窗洞口侧面比较狭窄，有时只有20～30mm甚至更小，这时在抹墙面时可不必在侧面粘尺，而是直接抹墙，抹至口角边时有意识厚出1～2mm，然后在口角用大杠向侧面相反的方向刮平后，再用刚抹好的正面灰正粘八字尺，吊垂直、粘牢后抹侧面的灰，抹完后可以用木阴角抹子依框和靠尺通直，搓平后用钢皮抹子或阴角抹子捋光，取下靠尺后用阳角抹子捋直、捋光，用小压子压去印迹。

第十四节　细　部　抹　灰

一、门窗套抹灰

1. 范围

室外门窗套，一般分两种形式，第一种即上口出檐过梁两侧都有挑出的斗砖，下口是挑出的窗台，第二种没有挑砖，而是抹灰抹出套，两种都是用水泥砂浆或水泥石渣分层抹。此节只介绍砖基底水泥砂浆的施工工艺。

2．工艺流程

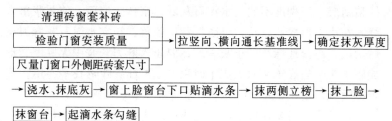

3．技术要点

（1）外窗套抹灰一般用 1:2.5 水泥砂浆抹底层和中层，厚约 10mm，用 1:2 水泥砂浆抹面层，厚度为 5~8mm。

（2）抹灰前应找好规矩，检查窗口与窗框的距离是否满足要求，（窗台一般为 40~60mm），窗口的垂直平整度，套方拉横竖线，上下左右相邻窗的高度一致、横成排竖成行，如有误差应及时调整或在抹底子灰时进行调整，找好规矩后，将基体表面清理干净，充分浇水润湿，钢、木窗口，用水泥砂浆将窗框下槛的间隙塞满，并缩进框下 10mm，特别是窗下槛的两角处，砂浆要塞严实。否则往往会造成水向墙内渗入。并应有 2% 的泛水（窗上脸上侧也应有 2% 的泛水）。

（3）外窗套操作顺序为先立面，后上脸，再底面，抹灰时应先抹一遍底层灰，做到基本平整，随即抹中层砂浆。先将八字靠尺反粘卡固在外立面和底面上，按窗套进出尺寸调直八字靠尺，将立面抹灰搓平，（进出尺寸也可拉通线），再将八字靠尺卡在立面上脸，按相邻窗高度调平，调直八字靠尺，铺浆抹好，注意上平面应抹出流水坡度；然后在立面下边卡固八字靠尺，依据立面高度调直八字靠尺，抹好底面，注意四个相交的角应抹成直角，最后抹好外侧面。抹好中层灰的外窗套，棱角要平直、清晰，为抹面层创造条件，第二天浇水湿润后再抹面层，方法同中层抹灰一样，可根据砂浆的干湿程度，连续抹几个窗套，再返回压光，用阳角抹子将阳角捋光。

(4) 在打完底灰之后应在上脸的下侧、窗套的底面贴滴水条，罩面灰抹完后起条，随即勾缝。

4．质量标准

(1) 外立面的外窗套相互间横平竖直。

(2) 外立面宽度一致，角方正、光滑、无空鼓、无裂纹。

(3) 与外窗衔接密实，窗台砂浆挤进窗框下口槽内，（铝合金窗预留注胶宽度）无向室内渗水的隐患。

(4) 窗台和上脸的顶部都留有向外排水的泛水。

(5) 窗上脸的下面、窗台下口的滴水线顺直，勾缝严密，应内高外低。

(6) 窗套与外墙衔接光滑洁净。

二、檐口抹灰

1．范围

檐口是挑檐的一部分。挑檐是由檐沟、天沟、檐口和檐心组成（图 5-11），其中檐沟是屋面防水、排水体系中的一部分，檐心的抹灰可参照顶板抹灰工艺，只是檐口抹灰比较独立，而且也关系到防水排水功能问题。就抹灰而言，有水泥砂浆抹灰、干粘石、水刷石，另外还有多种饰面材料。此章节以最基本的水泥砂浆讨论该项工艺。

2．工艺流程

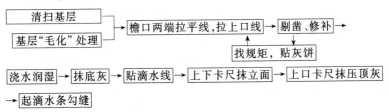

3．操作方法及技术要点

(1) 基层处理同墙面水刷石。

(2) 檐口拉线：

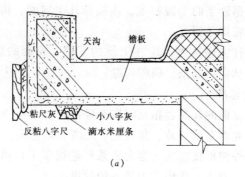

天沟　　　檐板

粘尺灰　　　小八字灰
反粘八字尺　　滴水米厘条

(a)

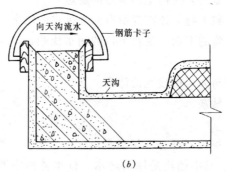

向天沟流水　　钢筋卡子

天沟

(b)

图 5-11　挑檐图

（a）檐口粘靠尺、粘米厘条示意；

（b）檐口上平面粘尺示意

在檐口两端各垫 20mm 木板拉线，如果檐口混凝土吃线，可局部剔凿，面积大时，应加厚两垫块，两侧要同时加相应的增加了的抹灰厚度，并应有补充措施。如果超越了"GB50210—2001"规范限定的最大厚度 35mm，应有具体的加强措施并报隐蔽验收。

（3）先卡尺抹立面再贴尺抹底面，而后卡尺抹压顶，不显接茬，底面应贴滴水条，顶面应裹进里口压上天沟立面灰茬。

（4）应采用 1:3 水泥砂浆找平 1:2.5 水泥砂浆罩面。

4. 质量标准

（1）无空鼓裂缝，无起皮。

（2）上下阳角通顺，立面檐心平直，棱角通顺清晰、挺拔。

（3）压顶里口压檐沟立面抹灰，顶面向里口有泛水，底面有滴水线外高里低，滴水线勾缝严密。

三、腰线抹灰

1. 范围

适于腰线抹灰，腰线是外立面的装饰线，一般横向贯通外立面，很多与窗台或窗上脸连成一线，有单层、双层和多层檐。

抹腰线的材料也是水泥砂浆、水刷石、干粘石以及饰面板块，我们仍然以最基本的水泥砂浆抹灰讨论该项工艺。

2. 工艺流程

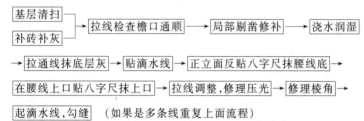

3. 操作方法及技术要点

（1）基层清扫、处理、修补，见水刷石墙体施工章节。

（2）1:3水泥砂浆打底，1:2.5水泥砂浆罩面。

（3）拉线检查将基层剔凿修补通顺。

（4）如遇到与窗上脸或窗台连成一体，抹灰可看前面讨论的窗套抹灰。

（5）抹灰前也应拉通线作灰饼，保证抹灰的通顺。

（6）顶面应外低里高有泛水，低面应有滴水线。

（7）多道砖檐的腰线从上向下逐道进行，一般都是先在正立面打灰贴尺作抹小面，而后小面上正贴八字尺把腰线正立面抹完，整修棱角、面层压光。

4. 质量标准

（1）无空鼓裂缝，无起皮。

（2）成活后应表面平整，棱角清晰，阴阳角通顺、挺阔。

（3）上口有向外的泛水，底口有滴水线槽。

四、抹灰线的操作工艺

1. 范围

目前多用木线和石膏预制线角替代抹灰线，因为该项工艺难度大、工艺复杂，占用工期长、材料消耗大。但作为一种传统工艺还应继承。

该线角多用于墙、柱与顶板交接处，也常用于室外门窗套、舞台台口等部位。

2. 工艺流程

以墙与顶交接的线角为例。

（1）必备条件：

一般线角应在墙面找平层抹完后进行。复杂线角（四条线以上）应在墙顶抹完灰之后做。

（2）工艺流程：

墙面(顶面)抹完灰之后用靠尺检查其平整度及角的方正 → 墙顶弹贴尺的里口线 ⤶

↱ 上下贴靠尺，型成滑模轨道 → 抹底灰，推拉模板 →

抹第二道灰向前推拉模板成型之后倒拉 → 第三道，第四道分层推拉 →

拆除靠尺 ┬ 用铁皮和压子修理 ┬ 接阴角 — 打底 ┐
　　　　 └ 切齐甩槎 　　　 └ 接阳角(过线) ─

→ 第二道灰对线 → 用灰线接角尺刮接第三道，第四道(罩面) ─

→ 用线坠和方尺量的灰线宽度 → 将实积宽度标在阳角顶板上 → 划齐下口线 →

抹四遍灰，用活模随着抹灰成型

3. 操作过程及技术要点

以方柱、圆柱为例

（1）找规矩（方柱）：

1）独立柱：

依据柱身轴线在地面上弹横、纵轴线，按图纸建筑尺寸（即抹完灰的外皮尺寸）套方，弹线放到地面上，而后吊柱的四角是否有凸凹和移位，经基层处理之后贴柱四角的灰饼。如柱高超过3m，中间增加灰饼。

2）群柱：

用独立柱找规矩的方法以群柱的两端柱为标准柱，而后拉水平通线作中间柱的灰饼，用方尺套做两侧灰饼，再重复独立柱的方法补作上下灰饼和中间灰饼。

（2）找规矩（圆柱）：

1）独立柱：

在柱身上弹横纵两个方向的中心线，并在地面上弹四个中心点的切线，由四根中心线吊线检查柱子的垂直，如果误差不大（误差不大，也是说通过抹灰厚度的调整能消除误差），将四根切线构成四边形的边长，然后加抹灰厚度，形成建筑外柱的切线并构成新的四边形，吊线作灰饼，套圆做木模包白铁皮。

2）群柱：

采用独立柱找规矩的方法以群柱的两端柱为基准柱，而后拉水平线作中间柱的灰饼，用半圆模板套作两侧灰饼，重复独立柱的方法吊线补做竖向灰饼。

（3）方柱抹基层水泥砂浆：

首先根据灰饼冲筋用1:3水泥砂浆打底，方柱先在侧面角上卡八字尺，放出底灰厚度吊直抹底层灰（如果柱子宽，就先作角）而后翻尺，抹另一面。

（4）抹方柱线角：

在基层灰五六成干（即手按无印）开始抹线角，如果是一二道线的简单灰线就一次抹完。复杂的应分层多次抹成。一般采用活模扯成（图5-12）。先用抹子按线角的宽度分层抹到基本成型，而后用活模扯角。操作方法是将活模一头紧贴在固定好的靠尺上，双手握住活模挤出线条来。操作时应注意用力均匀，架子要平稳，手要用力向上托，脚步平稳。灰线扯好后应及时用压子和铁皮修补，使通顺光洁符合要求。

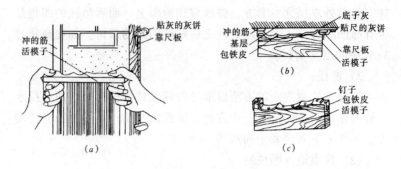

图 5-12 活模操作图

(5) 抹圆柱基层砂浆：

灰饼作好后冲筋，抹基层砂浆，用木杠随抹随找圆，随着用模板套圆检修，抹好后木抹搓毛。

(6) 抹圆柱线角：

待基层灰五六成干即可抹线角，先抹顶线，再抹柱身，最后抹柱墩，方法与方柱相同，也是活模扯动，拉成线角。最后用压子、铁皮修补光洁、通顺符合要求。抹圆柱时注意要一次完成不能留槎。

4. 接阴角灰线接头

在房间四角处用死模无法扯到的顶棚灰线，须用特制的硬木"合角尺"也叫"接角尺"（图 5-13）镶接，要求接头阴角的交线与立墙阴角的交线在同一平面之内。

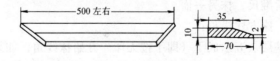

图 5-13 接角尺图

当顶棚四周灰线用死模抹成后拆除靠尺（图 5-14），切齐甩槎，先用抹子抹灰线的各层，所用砂浆也同样要求并分层涂抹，在抹完出线灰及罩面灰之后，即开始用接角尺镶接灰线，接合角是操作难度较大的工序，要求与四周整个灰线贯通形成一致，操作人员技术必须熟练过硬，镶接时两手要端平接角尺，手腕用力要均匀，一边轻挨已成活的灰线作为基准，一边刮接角的灰使之形成，再用小铁皮进行修理勾划成型，不显接槎，然后用排笔沾水刷一遍，使表面平整、光滑。

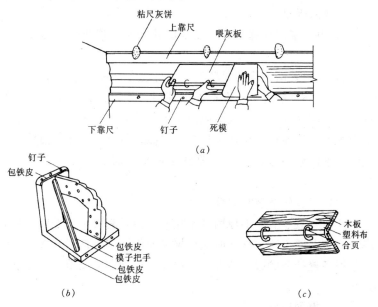

图 5-14　灰缝死模

(a) 死模操作；(b) 死模；(c) 喂灰板

5. 接阳角灰线

统称"过线"也就是把阳角两侧已成型的灰线上口与下口线引伸到阳角相交，形成灰线的上下口控制线分四遍抹成，随抹随着用活模成型，而后用铁皮压子修理。

6. 质量标准

灰缝棱角清晰，线通顺光滑，阴、阳角方正，无空鼓、裂缝不显接茬。

7. 顶板及灰线抹灰宜出现的质量问题

(1) 顶板出现大面积的小裂纹：

大部分是由于外门窗玻璃没装形成风道，罩面灰失水过快，内层失水慢，产生收缩应力形成大面积风裂，所以在罩面层灰之前应将玻璃装齐。

（2）抹灰层空鼓、裂缝，甚至大面积脱落：

主要原因是：

1）由于基层处理不好。在基层处理时应将灰尘、油渍等清理干净。

2）基层表面光滑的要凿毛，层与层之间的灰要搓毛。

3）另外基层过干，在操作上薄厚不均，也会产生上述的问题，砂浆和易性差，也是造成薄厚不均的原因。薄厚不均往往由于吸水不一致使抹灰层产生裂缝和空鼓，所以应在抹灰前检查板缝的不平凹陷，板不平部分要分层填平，而后再进行大面积抹灰。

（3）灰线的空鼓与裂缝：

产生空鼓、裂缝的原因基本相同，但是它由于找平层的灰更厚，而且薄厚不均，抹灰时应依据薄厚不同掌握抹灰遍数，并严格掌握各遍抹灰的吸水情况，一般应掌握到六七成干，再抹下一道灰。

五、墙面阴阳角抹灰

墙面抹灰工艺的两项基本要素——挂线做灰饼，阳角阴角找方吊正。是墙面抹灰工艺中不可分割的一部分，也是抹灰工艺中的两项要素，现在专门提出来介绍，正是因为它们是抹灰工艺中的一项基本技术，如果娴熟的掌握这一项操作技术，对整体工程的质量和个人的技术都会有明显的提高。

（1）挂线做灰饼：在石灰砂浆一节中已有交待，不再重复。

（2）阴阳角找方：

两墙面相交的阴角、阳角抹灰方法是抹灰工艺中最基本的工艺技术，一般按下述步骤进行。

1）在做完灰饼之后用方尺校核阴、阳角的方正，在抹完底灰之后用线锤检查阴角或阳角的垂直度。往往是根据直角及垂直度误差，确定抹灰层的厚薄。阴、阳角处洒水湿润随墙面作基层处理。

2）将底层灰抹至阴角处，用木阴角器压住抹灰层并上下搓动，使阴角处抹灰基本上达到直角。如靠近阴角处有已结硬的标筋，则木阴角器应沿着标筋上下搓动，基本搓平后，再用阴角抹上下抹压，用靠尺吊线检查，使阴角线垂直。

（3）将底层灰抹于阳角处，用木阳角器压住抹灰层并上下搓动，使阳角处抹灰基本上达到直角。再用阳角抹上下抹压，使阳角线垂直（图 5-15）。

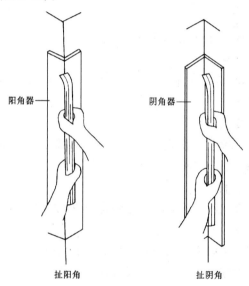

图 5-15　阴角、阳角抹灰

（4）在阴角、阳角处底层灰凝结后，洒水湿润，抹中层灰角，分别用阴角抹、阳角抹上下抹压，使中层灰达到平整。

（5）待阴角、阳角处中层灰凝结后，洒水湿润，抹面层灰，分别用阴阳角抹、上下抹压，使面层灰达到平整光滑通顺。

阴阳角找方应和墙面抹灰相配合进行，即墙面抹底层灰时，阴、阳角抹底层灰找方。

第十五节　清水砌体勾缝施工工艺

一、施工准备

1. 材料及主要机具

（1）水泥：

32.5 强度等级的普通水泥、矿渣水泥均可，但应用同品种、同强度、同批号进场水泥。进场后应作凝结时间安定性、强度复试报告。

（2）砂：

细砂，使用前过 2mm 孔径的筛。

（3）粉煤灰：

细度 0.08mm 方孔筛，其筛于量不大于 5%，可取代部分水泥使用。

（4）主要工具：

扁凿子、锤子、粉线袋、托灰板、长溜子、短溜子、喷壶、小铁桶、筛子、小平锹、铁板、笤帚等。

2. 作业条件

（1）结合工程已验收，并达到合格以上的质量标准。

（2）门窗已安装完并经过检查。

（3）搭好了脚手架或吊栏，搞好了安全防护。

（4）外檐檐口、窗台、窗套等抹灰已经完成。

二、操作工艺

1. 工艺流程

2. 技术要点

（1）清扫墙面，堵脚手眼：

如采用单排外架手应随落架子随堵脚手眼，在堵之前，首先将脚手眼内的砂浆污物清理干净，并洒水润湿，再用与原墙同品种、同颜色砖补砌密实。

（2）弹线找规矩：

从上向下顺其立缝吊垂直，并用粉线将垂直线弹在墙上，作为垂直线的规矩，水平缝则以砖的上下楞弹线控制，凡在线外的砖棱均用扁凿子剔去，对偏差较大的剔凿后应抹灰补齐，然后用砖磨成的细粉加108胶拌合成浆，刷在修补的灰层上，使其颜色一致。

（3）门窗四周塞缝及补砌砖窗台：

勾缝前将门窗四周塞缝作为一道工序，用1:3水泥砂浆将缝堵严、塞实，深浅要一致铝合金门窗框四周缝隙的处理，按设计要求的材料填塞，同时应将窗台上被碰坏、碰掉的砖补砌好，一起勾好缝。

（4）墙面勾缝前应浇水，润湿墙面。

（5）勾缝。

（6）拌合砂浆：

勾缝用砂浆的配合比为1:1或1:1.5（水泥:砂）或2:1:3（水泥:粉煤灰:砂）应注意随用随拌，不可使用过夜灰。

（7）勾缝顺序应由上而下，先勾水平缝，后勾立缝：

勾水平缝时用长溜子，左手拿托灰板，右手拿溜子，将灰板顶在要勾的缝口下边，右手用溜子将砂浆塞入缝内，灰浆不能太稀，自右向左喂灰，随勾随移动托灰板，勾完一段后用溜子在砖缝内左右拉推移动，使缝内的砂浆压实、压光、深浅一致。

勾立缝时用短溜子，可用溜子将灰从托灰板上刮起点入立缝之中，也可将托板靠在墙边用短溜子将砂浆送入缝中，使溜子在缝中上下移动，将缝内的砂浆压实，且注意与水平缝的深浅一致，如设计无要求时，一般勾凹缝深度为4~5mm。

（8）墙面清扫：

每步架勾完缝后，要用笤帚把墙面清扫干净，应顺缝清扫，先扫水平缝后扫竖缝，并不断抖掉笤帚上的砂浆，减少污染。

（9）墙面勾缝应做到横平竖直、深浅一致，十字缝搭接平整，压实、压光，不得有丢漏，墙面阳角水平转角要勾方正，阴角立缝应左右分明，窗台虎头砖要勾三面缝，转角处应勾方正。

（10）防止丢漏缝，应重新找一次，在视线遮挡的地方、不易操作的地方、容易忽略的地方，如有丢、漏缝，应给以补勾，补勾后对局部墙应重新扫干净。

（11）天气干燥时，对已勾好的缝浇水养护。

三、质量标准

（1）粘结牢固，压实抹光，无开裂等缺陷。

（2）横平竖直，交接处平顺，深浅宽窄一致，无丢缝。

（3）灰缝颜色一致，砖面洁净。

四、注意质量问题

（1）横竖缝接槎不平，勾竖缝时没有与横缝接好槎，没有认真反复勾压，扫缝时没有把横竖缝清扫干净。

（2）门窗框周围塞灰不严，没将门窗框后塞灰作为一道工序严格要求，施工时不认真，勾灰时只顾表面没往里塞。

（3）缝子深浅不一致，灰缝划得深浅不一操作不认真，技术不熟练。

（4）存在窄缝及瞎缝，勾缝前没有认真检查，没有对窄缝和瞎缝进行开缝处理。

（5）缝子漏勾，腰线、过梁、勒脚第一皮砖及门窗膀、砖墙侧面经常漏勾，操作者应反复查找，发现漏勾及时补勾。

第十六节　水泥砂浆地面

一、范围

适用于民用建筑工程的室内楼、地面工程。

二、工艺流程

```
竖向穿楼板的套管安装完
水平管线的埋设验收完    →  清扫基底、浇水  →  贴饼、冲筋  →
填充、防水等构造层验收完
```

弹线、分格、卧分格条 → 涂界面剂或扫素水泥浆 → 填档抹灰 → 木抹搓平

→ 分三遍压

三、操作方法和技术要点

（1）铺设水泥砂浆面层时，其水泥类的基层抗压强度等级应符合设计要求，且不得小于 1.2MPa，表面应当粗糙、洁净、湿润，但不得有积水应做隐蔽验收。铺设前宜刷界面剂或扫素水泥浆。

（2）铺设砂浆的厚度宜为 20mm，1∶2 水泥砂浆强度等级不应小于 M15，其稠度不宜大于 35mm。

（3）水泥宜采用硅酸盐或普通硅酸盐水泥，强度等级不应小于 32.5，严禁混用不同品牌、不同强度等级水泥。

（4）采用的砂为中砂，其含泥量不应大于 3%。

（5）应用砂浆搅拌机搅合均匀，并作试块检查强度增长情况。每一楼层不少于一组，如大于 1000m^2、每增加 1000m^2 增作一组。

（6）操作之前墙四周应有平线，地面应冲筋，所冲的筋不易隔夜。

（7）操作时环境温度应在 +5℃以上。

（8）水泥地面的养护时间不应少于 7 天，抗压强度达到 5MPa 之后才允许上人行走，抗压强度达到设计要求之后方可正常使用。

（9）水泥砂浆的抹平工作应在水泥砂浆初凝前完成，压光工作应在水泥终凝前完成。

（10）地面变形缝应按设计要求设置，并应与结构相应缝的位置一致，且贯通地面的各构造层（一般边长大于 6m 应划分区格）。

四、质量验收标准

（1）检查材质合格证明文件及复试报告。

（2）检查水泥砂浆强度检测报告。

（3）小锤轻击检查有无空鼓、裂纹、脱皮、麻面和起砂等现象。

（4）有泛水要求的应泼水或坡尺检查坡度。不允许有倒泛水及积水。抹面灰与地漏（管线）结合严密。

（5）允许偏差：表面平整度为4mm，缝格平直为3mm，见表5-4。

整体面层的允许偏差和检验方法（mm）　　　　表 5-4

项次	项目	允许偏差						检验方法
		水泥混凝土面层	水泥砂浆面层	普通水磨石面层	高级水磨石面层	水泥钢（铁）屑面层	防油渗混凝土和不发火（防爆）面层	
1	表面平整度	5	4	3	2	4	5	用2m靠尺和楔形塞尺检查
2	踢脚线上口平直	4	4	3	3	4	4	拉5m线和用钢尺检查
3	缝格平直	3	3	3	2	3	3	

第十七节　楼梯踏步抹灰

一、楼梯踏步抹水泥砂浆

1. 范围

楼梯是楼层上下的垂直交通要道，也是人员聚集和疏散设施，由梯段、平台、栏杆、扶手等组成，其结构应该坚固，面层应该耐磨。鉴于楼梯平台、栏板等抹灰与相应的地面、墙面近似，所以该书不在介绍，就踏步（即楼梯段）的特殊性，其工艺介绍如下：

2．工艺流程

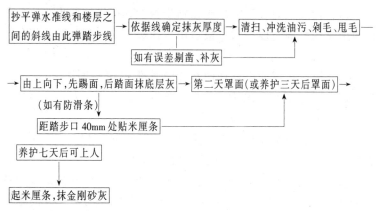

3．操作过程及技术要点

（1）材料：

水泥最好用早期强度高的硅酸盐水泥或普通水泥，强度等级42.5以上。（而且应作强度和安定性的复试），砂选用中砂，严格控制含泥量。

（2）应 1:3 水泥砂浆打底，1:2 水泥砂浆罩面。

（3）抄标高弹线时应注意与各层楼梯间地面校核，应该相吻和，否则就应调整标高使其吻和。

（4）基层处理：

1）预制楼梯段应垫稳焊牢。

2）踏步板抹灰厚度如超过 30mm 应选用砂浆垫平，差距大可用豆石找平。

3）首先将混凝土基层表面打扫干净，清除浮动颗粒，并用清水冲洗干净。如有油污应用 20% 的火碱水冲洗，而后将碱水冲洗干净，剁毛，用水泥掺 10% 的 108 胶甩疙瘩。

（5）楼梯段上下的休息平台的水平线为起、终点，根据上下两头踏步口的高度，弹一斜线作为分步的标准线，并在斜线上设点，每步线长度＝斜线长度÷踏步数。

（6）浇水润湿基层表面，扫水泥浆一道随即抹 1:3 水泥砂浆底子灰，厚度 10～15mm，先抹踏步踢面，再抹踏步踏面，由上往下抹，抹踢面时，八字尺压在踏步板上，按尺寸留出踏头。并且使踏步的踏面宽度一致，最后用木抹搓平。使每步踏步齿角与斜线分步线距离相等。

（7）第二天罩面。罩面时用 1:2 水泥砂浆。厚度 8～10mm，应根据砂浆干湿情况先抹出几步，再返上去压光，并用阴阳角抹子将角捋光。

（8）抹完 24h 后开始浇水养护，一般不少于 7d。未达到强度前严禁上人（7d 抗压强度应达到 5MPa）。

（9）若踏步有防滑条时，在底子灰抹完后，先在离踏步口约 40mm 处，用素水泥浆粘在经水浸泡的宽 20mm、厚 7mm 的米厘条（断面呈梯形，小口朝下）。抹面灰时与米厘条齐平，在常温条件下 7d 后取出米厘条，再在槽内填 1:1.5 水泥金刚砂砂浆，并高出踏步面约 4mm，用圆形阴角抹子捋实捋光。

二、水磨石出檐口型楼梯踏步施工工艺

1. 范围

由于前面已经讲述了楼梯踏步抹灰施工工艺，该项工艺不再重复，所以该工艺重点在磨石材料与踏步檐口范围内，即踏步的踏面与踢面。

2. 工艺流程

踏步板平面既踏面和立面既踢面在底灰之后均用 1:2 或 1:2.5 水泥石渣罩面，紧随着用木尺贴在踏面上，挑出板口 5mm，再用一条 5mm 厚的塑料板贴在踏步板踢面，两块板之间的距离应由设计图确定，而后向里塞与踏步配比一致的水泥石渣灰。

3. 技术要点

（1）基层处理，弹线和施抹方法均照楼梯踏步抹灰更严格实施，以保证磨石质量。

（2）檐口抹灰应控制在踏步灰抹完之后紧随进行，以保证檐口与踏步的结合。

（3）如有防滑条应在抹石渣之前卧平稳，两侧的素水浆形成八字，但要低于面层 5mm。

（4）水磨石施磨的时间应依据当地气温来，见表 5-5。

水磨石开磨时间　　　　　　　表 5-5

平均温度（℃）	开　磨　时　间（天）	
	机　磨	人工磨
20~30	2~3	1~2
10~20	3~4	1.5~2.5
5~10	5~6	2~3

三、楼梯抹面的质量标准和要求

1．保证项目

（1）选用的材料质量、品种、强度（配合比）及颜色应符合设计要求和施工规范的规定。

（2）面层与基层的结合必须牢固，无空鼓和裂纹等缺陷。

2．基本项目

（1）表面光滑，无裂纹、砂眼和磨纹，石粒密实，显露均匀，图案符合设计，颜色一致，不混色，防滑条牢固、清晰顺直。

（2）踏步的踏面宽度一致，踢面的高度保持一致。

（3）踏步顶步踏面应与休息平台或楼梯间地面保持一致。

（4）踏步外口在一个梯段内相互平行，齿角整齐。

3．允许偏差

见表 5-6。

水磨石踏步允许偏差　　　　　　表 5-6

项　　目	允许偏差（mm）		检验方法
	合格	优良	
相邻两步宽度	< ±20	< ±10	用尺量
相邻两步高度	< ±20	< ±10	用尺量

第十八节 地 面 砖 工 程

一、施工准备

1. 材料及主要机具

（1）水泥：硅酸盐水泥、普通硅酸盐水泥、矿渣硅酸盐水泥，其强度等级不应低于 32.5，并严禁混用不同品种、不同标号的水泥，应有出厂合格证。

（2）砂、中砂或粗砂，过 5mm 孔径筛子，其含泥量不应大于 2%。

（3）缸砖、陶瓷地砖、通体砖、陶瓷锦砖等均有出厂合格证、性能检测报告、抗压抗折及规格品种色调、纹理均符合设计要求，外观颜色一致，表面平整，边角整齐，无翘曲及窜角等缺损。

（4）草酸、火碱、108 胶等均有出厂合格证。

（5）主要机具：小水桶、半截大桶、笤帚、平锹、铁抹子、大木杠、小木杠、筛子、窗纱、筛子、窄子推车、钢丝刷、喷壶、锤子、橡皮锤子、合金尖凿子、方尺、粉线包、溜子、切割机、钢片开刀、拔板（200mm×70mm×1mm）。

（6）结合层材料，如采用胶粘剂应防水和防菌及性能检测报告并通过复试确定，应有出厂合格证和复试记录。

2. 应具备的条件

（1）内墙 +50cm 水平标高线已弹好，并校核无误。

（2）墙面抹灰，屋面防水和门框已安装完。

（3）地面垫层以及预埋在地面内各种管线已做完，穿过楼面的套管已安完，管洞已堵塞密实，有地漏的房间应找好泛水。

（4）如有防水层时已办完隐蔽手续，并完成了蓄水试验，办完了验收资料。

（5）基层的抗压强度不得小于 1.2MPa。

二、陶瓷地面砖

1．范围

陶瓷地砖包括陶瓷通体砖、抛光砖等装饰性地面材料。

2．工艺流程

有两种工艺：

第一种用干硬性水泥砂浆经过试铺后揭起砖用浇素水泥浆实铺，其工艺程序：

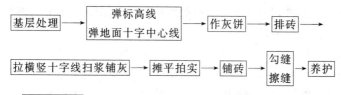

第二种工艺是：地面上抹水泥砂浆的方法，找平层与结合层同时施工。

基层处理 → 弹标高线 → 作灰饼冲筋 → 铺水泥砂浆找平扫毛 → 养护 → 排砖弹线 → 铺砖 → 勾缝，擦缝 → 安装踢脚

3．操作过程及技术要点

（1）材料进场检验：

1）水泥：

应有出厂合格证和检验报告。进场应作安定性和强度等级的复试报告。

2）陶瓷地砖：

室内墙地砖应有出厂合格证，挑选时首先应注意颜色和外形尺寸。用木条按陶瓷砖的规格尺寸钉方框模子，块块进行套选，平整度用直尺检查，一般不允许超过 0.5mm。把外观有裂缝、掉角和表面有缺陷的板剔出，有艺术图型要求的地面应按设计图验收。

3）砖在铺前应先浸泡水，晾干表面没有明水时方可使用。

（2）基层处理：

将混凝土楼板上的浮灰落地砂浆都剔凿干净，用钢丝刷刷

净，如有油污应用掺 10％的火碱的水洗刷，并及时用清水冲洗干净，并检查标高是否符合要求。

（3）弹面层标高线。

（4）洒水湿润：

在清理好的基层上用喷壶将地面基层均匀洒一遍水。

（5）作标筋：

拉线作灰饼间距 1.5m，灰饼上平就是水泥砂浆找平层的标高，而后再开始冲筋。

（6）装档：

在标筋之间铺水泥砂浆，铺之前首先涂刷一道素水泥浆，随涂刷随铺 1：3～1：4 水泥砂浆、木抹摊平、拍实、木杠刮平、木抹搓毛，并用大杠检查平整度和标高泛水，养护 24h 后弹排砖线（干硬性水泥砂浆以手捏成团、落地开花为准）。

（7）弹线：

房间分中从纵横两个方向排砖，不足整砖倍数时将非整砖对称排在靠墙的部位，平行门口的第一排砖应是整砖。根据已确定的砖位加砖缝，以每四块为一档弹控制线。（此作法是依据第二项工艺流程图的工艺过程）

（8）铺砖：

一般从中心线开始纵向先铺两行以此为标筋，横向拉线从房间里侧向外铺，人不能踩踏刚铺好的砖。

1）使用水浸泡过的砖，但表面不得有明水。

2）找平层洒水湿润均匀涂刷素水泥浆，随铺随刷。

3）铺干硬性 1：4 水泥砂浆 10～15mm，应随拌随铺。

4）在干硬性砂浆上撒素水泥面（适量洒水）。

5）铺砖上棱略高出水平标高线。找正、找直、找方，调好砖缝，垫木板用橡皮锤拍实。

（9）铺 2～3 行之后拔缝修整缝格的平直。

（10）勾缝、擦缝，应在面层铺完 24h 内进行擦缝、勾缝。应采用同品种、同等级强度、同颜色水泥勾缝擦缝。

1）勾缝：

用窗纱筛的砂子掺入水泥配成 1:1 水泥砂浆，一般要求勾入深度是 1/3，缝内砂浆密实、平整、光滑，随勾随擦、随清理。

2）如设计要求密缝或要求的缝隙很小时，用浆壶往缝内浇水泥浆而后用干水泥擦揉缝将缝隙擦密。

（11）养护：

铺完砖 24h 后洒水养护，封闭时间不应少于 7 天。

（12）镶踢脚板，一般选用与地面同品种、同规格、同颜色的板材。踢脚板的立缝应与地面缝对齐镶贴作业。

在墙面两端头阴角处各镶贴一块（出墙厚度和高度应符合设计图），以此砖上棱为准挂线，开始用 1:2 水泥砂浆掺 108 胶适量铺贴，砖以不空鼓为宜，将挤出的砂浆及时刮掉，清擦干净。

4．质量标准

（1）面层所用板块的品种、质量必须符合设计要求，并有产品合格证和性能检测报告。

（2）面层与下一层的结合（粘结）应牢固无空鼓。

（3）砖面层应洁净，图案清晰，色泽一致，接缝平直，深浅一致，周边顺直。板块无裂纹、掉角和缺棱等缺陷。

（4）与相邻面层的镶边用料及尺寸应符合设计要求，边角整齐光滑。

（5）踢脚线表面应洁净、高度一致、结合牢固、出墙厚度一致。

（6）楼梯踏步和台阶板块的缝隙宽度应一致，齿角整齐，相邻踏步高度差不应大于 10mm，防滑条顺直。

（7）泛水坡度符合设计要求，不倒泛水、无积水、与地漏、管道结合处严密牢固、无渗漏。

（8）面层的允许偏差见陶瓷锦砖地面的地面允许偏差。

5．注意质量问题

（1）板块空鼓、基层清理不净、洒水湿润不均、砖未浸水、水泥浆结合层刷的面积过大风干后起隔离作用，上人过早影响粘结层强度等等因素，都是导致空鼓的原因。

踢脚板空鼓原因，除与地面相同外还因为踢脚板背面粘结砂浆量少，未抹到边，造成边角空鼓。

（2）踢脚板出墙厚度不一致，由于墙体抹灰垂直度、平整度超出允许偏差，踢脚板镶贴时按水平线控制，所以出墙厚度不一致，由此在镶贴前先检查墙面平整度，进行处理后再进行镶贴。

（3）板块表面不洁净主要是做完面层之后，成品保护不够，油漆桶放在地砖上，在地砖上拌合砂浆，刷浆时不覆盖等，都造成面层被污染（不可用强酸强碱性材料清洗）。

（4）有地漏的房间倒坡，做找平层砂浆时，没有按设计要求的泛水坡度进行弹线找坡，因此必须再找标高，弹线时找好坡度，抹灰饼和标筋时抹出泛水。

（5）地面铺贴不平，出现高低差，对地砖未进行预先选挑砖的薄厚不一致造成高低差或铺贴时未严格按水平标高线进行控制。

（6）其水泥类基层的抗压强度不得小于 1.2MPa。

（7）其水泥强度等级不宜小于 32.5。

（8）水泥砂浆体积比（或强度等级）应符合设计要求。

（9）板块的铺砌应符合设计要求，当设计无要求时宜避免出现板块小于 1/4 边长的边角料。

（10）面砖铺设后，表面应覆盖、湿润，其养护时间不应少于 7 天。

（11）当板块面层的水泥砂浆结合层的抗压强度达到设计要求后，方可正常使用。

三、陶瓷锦砖地面铺贴工艺

1. 范围

适用于基层有防水层的楼地面铺贴陶瓷锦砖面层。

2. 工艺流程

→ 弹排砖分格线 → 水泥砂浆结合层铺砖 → 刷水揭纸 → 修理、拔缝 →

浇缝 → 养护

3. 操作方法及技术要点

(1) 铺贴工艺开始之前穿过地面的套管已做完，管洞已用豆石混凝土堵塞密实。

(2) 设计要求做防水层时，已办完隐检手续，并完成蓄水试验，办好验收手续。

(3) 清理基层、弹线：将基层清理干净，表面灰浆皮要铲掉、扫净。将水平标高线弹在墙上。

(4) 刷水泥素浆：在清理好的地面上均匀洒水，然后用笤帚均匀洒刷水泥素浆（水灰比为 0.5）。刷的面积不得过大，须与下道工序铺砂浆找平层紧密配合，随刷随铺。

(5) 做水泥砂浆找平层：

1) 冲筋：以墙面 + 500mm 水平标高线为准，测出面层标高，拉水平线做灰饼，随着基层刷素水泥浆随着贴灰饼和冲筋，灰饼上平为陶瓷锦砖下皮。然后进行冲筋，在房间中间每隔 1m 冲筋一道。有地漏的房间按设计要求的坡度找坡，冲筋应朝地漏方向呈放射状。

2) 冲筋后，随着基层刷素水泥浆随着用 1:3 干硬性水泥砂浆（干硬程度以手捏成团，落地开花为准），铺设厚度约为 20 ~ 25mm，用大杠（顺标筋）将砂浆刮平，木抹子拍实，抹平整。有地漏的房间要按设计要求的坡度做出泛水。

(6) 找方正、弹线：找平层抹好 24h 后或抗压强度达到 1.2MPa 后，在找平层上量测房间内长宽尺寸，在房间中心弹十字控制线，根据设计要求的图案结合陶瓷锦砖每联尺寸，计算出所铺贴的张数，不足整张的应甩到边角处，不能贴到明显部位。

(7) 延十字线做水泥浆结合层：在砂浆平层上，浇水湿润后，抹一道 2 ~ 2.5mm 厚的水泥浆结合层（宜掺水泥重量 20% 的 108 胶）。应随抹随贴，面积不要过大。延十字线铺三行为找规矩标记。

(8) 铺陶瓷锦砖：宜整间一次镶铺连续操作，如果房间大，一次不能铺完，须将接棱切齐，清理干净，具体操作时应在水泥浆尚未初凝时开始铺陶瓷锦砖（背面应洁净），从里向外沿控制线进行，对正后立即将陶瓷锦砖铺贴上（纸面朝上），紧跟着用木抹将纸面铺平、拍实，使水泥浆渗入到锦砖的缝内，直至纸面上显露出砖缝水印时为止。继续铺贴时不得踩在已铺好的锦砖上，应退着操作。

(9) 修整：整间铺好后，在锦砖上垫木板，人站在垫板上修理四周的边角，并将锦砖地面与其他地面在门口接槎处修好，保证接槎平直。

(10) 刷水、揭纸：铺完后紧接着在纸面上均匀地刷水，常温下过 15~30min 纸便湿透（如未湿透可继续洒水），此时可以开始揭纸，并随时将纸毛清理干净。

(11) 拨缝（在水泥浆结合层终凝前完成）：揭纸后，及时检查缝子是否均匀，缝子不顺不直时，用小靠尺比着刀轻轻地拨顺、调直，并将其调整后的锦砖用木拍板拍实（用锤子敲拍板），同时粘贴补齐已经脱落、缺少的锦砖颗粒。地漏、管口等处周围的锦砖，要按坡度预先试铺进行切割要做到锦砖与管口镶嵌紧密相吻合。在以上拨缝调整过程中。要随时用 2m 靠尺检查平整度，偏差不超过 2mm。

(12) 灌缝：拨缝后第二天（或水泥浆结合层终凝后），用白水泥浆或与锦砖同颜色的水泥素浆擦缝，棉丝蘸素浆从里到外顺缝揉擦、擦满、擦实为止，并及时将锦砖表面的余灰清理干净防止对面层的污染。

(13) 养护：陶瓷锦砖地面擦缝 24h 后，应铺上锯末常温养护（或用塑料薄膜覆盖），其养护时间不得少于 7 天，且不准上人。

(14) 冬季施工：室内操作温度不得低于 +5℃，砂子不得有冻块，锦砖面层不得有结冰现象，养护阶段表面必须覆盖。

4．质量标准

（1）保证项目：陶瓷锦砖的品种、规格、颜色、质量必须符合设计要求，面层与基层的结合必须牢固，无空鼓。

（2）基本项目：

1）表面洁净，图案清晰，色泽一致，接缝均匀，周边顺直，陶瓷锦块无裂纹、掉角和缺棱现象。

2）地漏坡度符合设计要求，不倒泛水，无积水，与地漏（管道）结合处严密牢固，无渗漏。

3）踢脚线表面洁净，接缝平整均匀、高度一致，结合牢固，出墙厚度适宜。

4）与各种面层邻接处的镶边用料及尺寸符合设计要求和施工规范的要求，边角整齐、光滑。

（3）允许偏差项目，见表5-7。

陶瓷锦砖地面允许偏差　　　　表 5-7

项次	项　　　目	允许偏差（mm）	检　验　方　法
1	表面平整度	2	用2m靠尺和楔形塞尺检查
2	缝格平直	3	拉5m线，不足5m拉通线和尺量检查
3	接缝高低差	0.5	尺量和楔形塞尺检查
4	踢脚线上口平直	3	拉5m线，不足5m拉通线和尺量检查
5	板块间隙宽度不大于	2	尺量检查

5．应注意的质量问题

（1）缝格不直不匀：操作前应挑选陶瓷锦砖，长、宽相同的整张锦砖用于同一房间内，拨缝时分格缝要拉通线，将超线的砖块拨顺直。

（2）面层空鼓：做找平层之前基层必须清理干净，浇水湿润，找平层砂浆做完之后，房间不得进人要封闭，防止地面污染，影响与面层的粘结，即随刷随铺，不得刷的面积过大，防止水泥浆风干影响粘结而导致空鼓，保持7天以上养护，不允许过早上人。避免粘结砂浆未达到强度受外力振动、形成空鼓。

（3）地面渗漏：厕、浴间地面穿楼板的上、下水等各种管道做完后，洞口应堵塞密实，并加有套管，验收合格后再做防水层，管口部位与防水层结合要严密，待蓄水合格后才能做找平层。锦砖面层完成后应做二次蓄水试验。

（4）面层污染严重：擦缝时应随时将余浆擦干净，面层做完后必须加以覆盖，以防其他工种操作污染。

（5）地漏周围的锦砖套割不规则：作找平层时应找好地漏坡度，当大面积铺完后，再铺地漏周围的锦砖，根据地漏直径预先计算好锦砖的块数（在地漏周围呈放射形镶铺），再进行加工，试铺合适后再进行正式粘铺。

第十九节　外墙饰面砖工程

一、范围

（1）适用于采用陶瓷砖、玻璃马赛克等材料作为外墙装饰的饰面材料（用于外墙饰面工程的瓷质或炻质装饰砖、玻璃马赛克等材料，统称外墙饰面砖）。

注：干压陶瓷砖和陶瓷劈离砖简称面砖，据 GB/T3810.2，面积小于 $4cm^2$ 的砖和玻璃马赛克简称锦砖。

（2）根据现行国家《建筑气候区划标准》（GB50178）中区域划分的 Ⅰ ~ Ⅶ 区对外墙饰面砖工程的材料和施工验收作出规定（表 5-9）。

二、施工准备

1. 材料

（1）饰面砖：我国各地气候差异很大，不同地区所使用的外墙饰面砖经受的冻害程度有很大的差别，因此规范结合各地气候环境制定出不同的抗冻指标。

1）外墙饰面砖产品的技术性能应符合下列现行标准的规定：《陶瓷砖和卫生陶瓷分类及术语》（GB/T9195）；《干压陶瓷砖》（GB/T4100.1）、（GB/T4100.2）、（GB/T4100.3）、（GB/T4100.4）；

《陶瓷劈离砖》（JC/T457）；《玻璃马赛克》（GB/T7697）。

2）外墙饰面砖工程中采用的陶瓷砖，对不同气候区必须符合下列规定（由于外墙饰面砖系多孔材料，其抗冻性与材料的内部孔结构有关，而不同的孔结构又反映出不同的吸水率，因此可通过控制吸水率来满足抗冻性能要求）：

在Ⅰ、Ⅵ、Ⅶ区，吸水率不应大于3%；在Ⅱ区，吸水率不应大于6%。

（2）找平、粘结、勾缝材料：

在外墙饰面砖工程施工前，应对找平层、结合层、粘结层及勾缝、嵌缝所用的材料进行试配，经检验合格后方可使用。

1）在Ⅲ、Ⅴ、Ⅵ区应采用具有抗渗性的找平材料，其性能应符合现行行业标准《砂浆、混凝土防水剂》（JC474）的技术要求。

2）外墙面砖粘贴应采用水泥基粘结材料，其中包括现行行业标准《陶瓷墙地砖胶粘剂》（JC/T547）规定的A类及C类产品。不得采用有机物作为主要粘结材料。由于水泥基粘结材料其具有优异的耐老化性能和综合性能是其他材料无法替代的。

3）水泥基粘结材料应符合现行行业标准《陶瓷墙地砖胶粘剂》（JC/T547）的技术要求，并应按现行行业标准《建筑工程饰面砖粘结强度检验标准》（JGJ110）的规定，在试验室进行制样、检验，粘结强度不应小于0.6MPa。现场平均粘结强度应大于0.4MPa。

4）水泥基粘结材料应采用普通硅酸盐水泥或硅酸盐水泥，其性能应符合现行国家标准《硅酸盐水泥、普通硅酸盐水泥》（GB175）的技术要求，强度等级不应低于32.5，为改善砂浆和易性，可掺入不大于水流重量15%的石灰膏。

水泥基粘结材料中采用的砂，应符合现行行业标准《普通混凝土用砂质量标准及检验方法》（JGJ52）的技术要求，其含泥量不应大于3%。

5）勾缝应采用具有抗渗性的粘结材料，其性能应符合抗渗性能。

三、作业条件

（1）外墙饰面砖工程应进行专项设计，对以下内容提出明确要求：

1）外墙饰面砖的品种、规格、颜色、图案和主要技术性能。

2）找平层、结合层、粘结层、勾缝等所用材料的品种和技术性能。

3）基体处理。

4）外墙饰面砖的排列方式、分格和图案。

5）外墙饰面砖粘贴的伸缩缝位置，接缝和凹凸处的墙面构造。

6）墙面凹凸部位的防水、排水构造。

（2）基体处理应符合下列规定：

1）当基体的抗拉强度小于外墙饰面砖粘贴的粘结强度时，必须进行加固处理，加固后应对粘贴样板进行强度检测。

2）对加气混凝土、轻质砌块和轻质墙板等基体，若采用外墙饰面砖，必须有可靠的粘结质量保证措施。否则，不宜采用外墙饰面砖饰面。

3）对混凝土基体表面，应采用聚合物水泥砂浆或其他界面处理剂做结合层。

（3）找平层材料的抗拉强度不应低于外墙饰面砖粘贴的粘结强度。

（4）外墙饰面砖粘贴应设置伸缩缝。竖直向伸缩缝可设在洞口两侧或与横墙、柱对应的部位；水平向伸缩可设在洞口上、下或与楼层对应处。伸缩缝的宽度可根据当地的实际经验确定。当采用预粘贴外墙饰面砖施工时，伸缩缝应设在预制墙板的接缝处。

（5）但缩缝应采用柔性防水材料嵌缝。

（6）外墙饰面砖工程施工前应做出样板，经建设、设计和监理等单位根据有关标准确认后方可施工。

（7）外墙饰面砖的粘贴施工尚应具备下列条件：

1）基体按设计要求处理完毕。

2）日最低气温在 0℃时，必须有可靠的防冻措施；当高于 35℃时，应有遮阳设施。

3）基层含水率宜为 15%～25%。

4）施工现场所需的水、电、机具和安全设施齐备。

5）门窗洞、脚手眼、阳台和落水管预埋件等处理完毕。

（8）应合理安排整个工程的施工程序，避免后续工程对饰面造成损坏或污染。

四、面砖粘贴工艺流程

面砖粘贴可按下列工艺流程施工：

处理基体 → 吊垂直、套方、找规矩 → 弹线、贴灰饼 → 抹底层砂浆 → 弹线、分格、排砖 → 浸砖 → 镶贴面砖 → 勾缝 → 清理表面

五、技术要点

（1）抹找平层应符合下列要求：

1）在基体处理完毕后，进行套方、吊垂直、挂线、贴灰饼、冲筋，其间距不宜超过 2m。

2）抹找平层前应将基体表面润湿，并按设计要求在基体表面刷结合层。

3）找平层应分层施工，严禁空鼓，每层厚度不应大于 7mm，且应在前一层终凝后再抹后一层；找平层厚度不应大于 20mm，若超过此值必须采取加固措施。

4）找平层的表面应刮平搓毛，并在终凝后浇水养护。

5）为了饰面砖的平整度、垂直度找平层的表面平整度允许偏差为 4mm，立面垂直度允许偏差为 5mm。检验方法应符合规范的规定，而后做好标志块。

（2）宜在找平层上刷结合层。

（3）排砖、分格、弹线应符合下列要求：

1）应按设计要求和施工样板进行排砖，并确定分格，排砖

宜使用整砖。对必须使用非整砖的部位，非整砖宽度不宜小于整砖宽度的1/3。

2）弹出控制线，作出标记。

（4）粘贴面砖应符合下列要求（图5-16）：

1）在粘贴应前应对面砖进行挑选，浸水2h以上并清洗干净，待表面晾干后方可粘贴（用胶粘贴时，砖不用浸水）。

2）粘贴面砖时基层的含水率宜为15%～25%，日最低温度在0℃以上。

3）面砖宜从阳角开始，自上而下粘贴，粘结层厚度宜为4～8mm。

4）在粘结层初凝前或允许的时间内，可调整面砖的位置和接缝宽度，使之附线并敲实；在初凝后或超过允许的时间后，严禁振动或移动面砖（为了饰面的平整和垂直，在镶贴过程中随时校正，发现问题应在砂浆初凝前修正）。

（5）墙体变形缝两侧粘贴的外墙饰面砖，其间的缝宽不应小于变形缝的宽度。

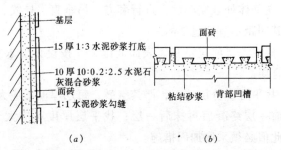

图 5-16　外墙面砖构造图

（6）面砖接缝的宽度不应小于5mm，不得采用密缝。缝深不宜大于3mm，也可采用平缝。

（7）墙面阴阳角处宜采用异型角砖。阳角处也可采用边缘加工成45°角的面砖对接，阳角应用整砖。

（8）对窗台、檐口、装饰线、雨篷、阳台和落水口等墙面凹凸部位，应采用防水和排水构造。

（9）在水平阳角处，顶面排水坡度不应小于3%；应采用顶面面砖压立面面砖，立面最低一排面砖压底平面面砖等作法，并应设置滴水构造。

（10）勾缝应符合下列要求：

1）勾缝应按设计要求的材料和深度进行，勾缝应连续、平直、光滑、无裂纹、无空鼓。

2）勾缝宜按先水平后垂直的顺序进行。

（11）面砖粘贴后应及时将表面清理干净。

（12）与预制构件一次成型的外墙板饰面砖工程，应按设计要求铺砖、接缝。饰面砖不得开裂和残缺，接缝要横平竖直。

（13）墙面耐酸砖可用耐酸胶泥、沥青、耐酸砂浆镶贴。

六、饰面锦砖粘贴工艺流程

处理基体 → 抹找平层 → 刷结合层 → 排砖、分格、弹线 → 粘贴锦砖 →
揭纸、调缝 → 清理表面

（1）锦砖粘贴时，抹找平层、刷结合层、排砖、分格、弹线、清理表面等工艺均应符合面砖粘贴工艺的要求。

（2）粘贴锦砖应符合下列要求：

1）将锦砖背面的缝隙中刮满粘结材料后，再刮一层厚度为2～5mm的粘结材料。

2）从下口粘贴线向上粘贴锦砖，并压实拍平。

3）应在粘结材料初凝前，将锦砖纸板刷水润透，并轻轻揭去纸板。应及时修补表面缺陷，调整缝隙，并用粘结材料将未填实的缝隙嵌实，揭纸时间，一般控制在20～30min。

七、质量标准

（1）在外墙饰面砖工程的每个施工工艺流程中，均应按规定的验收要求进行质量检测，并做好施工质量检测记录。

（2）施工工艺和质量检测文件应包括：

1）外墙饰面砖工程的设计文件、设计变更文件、洽商记录等。

2）外墙饰面砖的产品合格证、出厂检验报告和进场复检报告。

3）找平、粘结、勾缝材料的产品合格证和说明书，出厂检验报告，进场复检报告，配合比文件。

4）外墙饰面砖的粘结强度检验报告。

5）施工技术交底文件。

6）施工工艺记录与施工质量检测记录。

（4）外墙饰面砖工程验收时，应对施工工艺和质量检测文件进行检查，并对工程实物进行观感检查和量测。

（5）施工工艺和质量检测文件的检查应符合下列要求：

1）施工工艺文件应经过整理，并齐全。

2）外墙饰面砖和找平、粘结、勾缝等所用材料的出厂检验和进场复检结果均应符合现行有关标准规定的合格要求。

3）外墙饰面砖工程的施工工艺应符合本章节的有关要求。

4）外墙饰面砖粘结强度的检验结果应符合现行行业标准《建筑工程饰面砖粘结强度检验标准》（JGJ110）的规定。

5）施工工艺文件中的复印件和抄件，应注明原件存放单位，签注复印或抄件人姓名并加盖出具单位的公章。

（6）工程实物的观感检查应符合下列要求：

1）外墙面以建筑物层高或 4m 左右高度为一个检查层，每 20m 长度应抽查一处，每处约长 3m。每一检查层应至少检查 3 处。有梁、柱、垛、挑檐时应全数检查，并进行纵向和横向贯通检查。

2）外墙饰面砖的品种、规格、颜色、图案和粘贴方式应符合设计要求。

3）外墙饰面砖必须粘贴牢固，不得出现空鼓。

4）外墙饰面砖墙面应平整、洁净、无歪斜、缺棱掉角和裂缝。

5）外墙饰面砖墙面的色泽应均匀，无变色、泛碱、污痕和显著的光泽受损处。

6）外墙饰面砖接缝应连续、平直、光滑、填嵌密实；宽度和深度应符合设计要求；阴阳角处搭接方向应正确，非整砖使用部位应适宜。

7）在Ⅲ、Ⅳ、Ⅴ区，与外墙饰面砖工程对应的室内墙面应无渗漏现象。

8）在外墙饰面砖墙面的腰线、窗口、阳台、女儿墙压顶等处，应有滴水线（槽）或排雨水措施。滴水线（槽）应顺直，流水坡向应正确，坡度应符合设计要求。

9）在外墙饰面砖墙面的突出物周围，饰面砖的套割边缘应整齐，缝隙应符合要求。

10）墙裙、贴脸等墙面突出物突出墙面的厚度应一致。

（7）工程实物的量测应符合下列要求：

1）外墙饰面砖工程实物量测点的数量，应符合现行规程的规定。

2）外墙饰面砖工程实物量测的项目、尺寸允许偏差值和检查方法。见表5-8。

3）外墙饰面砖工程，应进行饰面砖粘结强度检验。其取样数量、检验方法、检验结果判定均应符合现行行业标准《建筑工程饰面砖粘结强度检验标准》（JGJ110）的规定。

外墙饰面砖工程的尺寸允许偏差及检验方法　　　表 5-8

序号	检验项目	允许偏差（mm）	检 验 方 法
1	立面垂直	3	用 2m 托线板检查
2	表面平整	2	用 2m 靠尺、楔形塞尺检查
3	阳角方正	2	用方尺、楔形塞尺检查
4	墙裙上口平直	2	拉 5m 线（不足 5m 时拉通线），用尺检查
5	接缝平直	3	
6	接缝深度	1	用尺量
7	接缝宽度	1	用尺量

八、成品保护

（1）外墙饰面砖粘贴后，对因油漆、防水等后续工程而可能造成污染的部位，应采取临时保护措施（如污染严重，可用浓度为10%盐酸清洗）。

（2）对施工中可能发生碰损的入口、通道、阳角等部位，应采取临时保护措施。

（3）应合理安排水、电、设备安装等工序，及时配合施工，不应在外墙饰面砖粘贴后开凿孔洞。

（4）玻璃锦砖面层粗糙多孔，易受水泥污染，无法清洗，所以在铺贴后，应保持环境清洁，无脏水，灰尘沾污。如受沾污用10%稀盐酸溶液洗刷，然后再用清水清洗。

建筑气候区划指标   表5-9

区名	主　要　指　标	辅　助　指　标	各区辖行政区范围
Ⅰ	1月平均气温≤−10℃ 7月平均气温≤25℃ 1月平均相对湿度≥50%	年降水量200~800mm 年日平均气温≤5℃的日数≥145d	黑龙江、吉林全境；辽宁大部；内蒙古中、北部及陕西、山西、河北、北京北部的部分地区
Ⅱ	1月平均气温−10~0℃ 7月平均气温18~28℃	年日平均气温≥25℃的日数＜80d，年日平均气温≤5℃的日数90~145d	天津、山东、宁夏全境；北京、河北、山西、陕西大部；辽宁南部；甘肃中东部以及河南、安徽、江苏北部的部分地区
Ⅲ	1月平均气温0~10℃ 7月平均气温25~30℃	年日平均气温≥25℃的日数40~110d 年日平均气温≤5℃的日数0~90d	上海、浙江、江西、湖北、湖南全境；江苏、安徽、四川大部；陕西、河南南部；贵州东部；福建、广东、广西北部和甘肃南部的部分地区
Ⅳ	1月平均气温＞10℃ 7月平均气温25~29℃	年日平均气温≥25℃的日数100~200d	海南、台湾全境；福建南部；广东、广西大部以及云南西南部和元江河谷地区

区名	主 要 指 标	辅 助 指 标	各区辖行政区范围
V	7月平均气温18~25℃ 1月平均气温0~13℃	年日平均气温≤5℃ 的日数0~90d	云南大部;贵州、四川西南部;西藏南部一小部分地区
VI	7月平均气温<18℃ 1月平均气温0~-22℃	年日平均气温≤5℃ 的日数90~285d	青海全境;西藏大部;四川西部、甘肃西南部;新疆南部部分地区
VII	7月平均气温≥18℃ 1月平均气温-5~-20℃ 7月平均相对湿度<50%	年降水量10~600mm 年日平均气温≥25℃的日数<120d 年日平均气温≤5℃的日数110~180d	新疆大部;甘肃北部;内蒙古西部

第二十节 大理石、花岗石饰面工艺

一、按工艺分类

1. 传统的湿式作法

是先将饰面板材与基层之间用挂接件连接固定,预留缝浇筑砂浆的安装方法。

2. 干挂法

利用不锈钢配件将饰面板材吊挂在施工作业面上。

3. 粘贴法

利用粘结剂将饰面板材固定在施工作业面上。

二、传统湿作法

1. 施工准备

(1) 材料要求:

1) 水泥:32.5强度等级普通硅酸盐水泥。应有出厂证明或复试单(凝结时间、安定性和强度),若出厂超过三个月应按试验结果使用。

2) 白水泥:325号白水泥。

3）砂子：粗砂或中砂，用前过筛，含泥量不得超过3％。

4）大理石、磨光花岗石，预制水磨石等，应有合格证、性能检测报告、花岗石应有放射性复验。按照设计和图纸要求的规格、颜色等备料，但表面不得有隐伤、风化等缺陷。不宜用易褪色的材料包装。

5）其他材料：如熟石膏、铜丝或镀锌铅丝、铅皮、硬塑料板条、配套挂件（镀锌或不锈钢连接件等）应配备适量与大理石或磨光花岗石、预制水磨石等颜色接近的各种石渣和矿物颜料，108胶和填塞饰面板缝隙的专用塑料软管等。

（2）主要机具：

磅秤、铁板、半截大桶、小水桶、铁簸箕、平锹、手推车、塑料软管、胶皮碗、喷壶、合金钢扁錾子、合金钢钻头（φ5，打眼用）、操作支架、台钻、铁制水平尺、方尺、靠尺板、底尺（300～5000mm×40mm×10～15mm）、托线板、线坠、粉线包、高凳、木楔子、小型台式砂轮、截改大理石用砂轮、全套裁割机、开刀、灰板和铅皮（1mm厚）、木抹子、铁抹子、细钢丝刷、笤帚、大小锤子、小白线、铅丝、擦布或棉丝、老虎钳子、小铲、钉子、红铅笔、毛刷、工具袋等。

2. 作业条件

（1）办理好结构验收，少数工种（水电、通风、设备安装等）的活应做在前面，并准备好加工饰面板所需的水、电源等。

（2）内墙面弹好50mm水平线（室外墙面弹好±0和各层水平标高控制线）。

（3）脚手架或吊篮提前支搭好，宜选用双排架子（室外高层宜采用吊蓝，多层可采用桥式架子等，其横竖杆及拉杆等应离开窗口角150～200mm。架子步高要符合施工要求。

（4）有门窗套的必须把门框、窗框立好，（位置准确、垂直、牢固，并考虑安装大理石时尺寸有足够的余量）同时要用1:3水泥砂浆将缝堵塞严实。铝合金门窗框边缝所用嵌缝材料应符合设计要求，且塞堵密实并事先粘贴好保护膜。

（5）大理石、磨光花岗石或预制水磨石等进场应堆放于室内，下垫方木，核对数量、规格，并预铺、配花、编号等，以备正式铺贴时按号取用，石材应进行防碱背涂处理。

（6）大面积施工前应先放出施工大样，并做样板，经质检部门鉴定合格后，还要经过设计、甲方、施工单位共同认定。方可组织按样板要求施工。

（7）对进场的石料应进行验收，颜色不均匀时应进行挑选，排号。

（8）饰面板安装工程的预埋件（或后置埋件），连接件的数量、规格、位置连接方法和防腐处理，必须符合设计要求，应作隐蔽工程检查验收。后置埋件的现场拉拨强度必须符合设计要求。

3．室内墙面饰面板安装

（1）工艺流程：

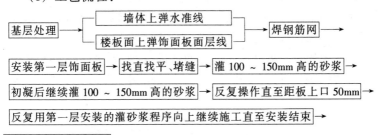

（2）操作过程及技术要点：

1）基层处理是板与墙基体是否贴结牢固的关键工序，其处理方法采用以前在抹灰，贴面砖章节中讲过的"毛化"处理和10％的火碱水清洗油污、清扫等方法，处理完之后应作检查验收记录。

2）花岗石的放射性、水泥的凝结时间、安定性和抗压强度应有复验报告。

3）弹完水准线、板面层线之后应有检验记录。

4）焊钢筋网之前对预埋件和连接节点（如有防水层，包括在内）等隐蔽项目进行验收。数量、方法、规格、位置和防腐处理必须符合设计。

如果是后置埋件，在现场应作拉拔检测报告，拉拔强度必须符合设计要求。

5）焊钢筋网：竖向钢筋间距为 500mm，按板尺寸挂贴高度超过 3m 时用 φ10 竖筋。水平筋是为绑铜丝或挂勾使用，故上下排之间尺寸由板的高度所决定，当板高超过 1.20m 时，应增加一道水平筋。水平筋比板面应低 2～4mm，便于绑铜丝。

6）安装第一层板之前先将水准墨线引至第一层板的板顶高度完成面上。作为高程控制线。在阴角墙面上将垂直完成面利用墨线弹在相邻墙面上，阳角垂直线可以利用钢琴线固定在顶棚和地面上，再加楼板上的横向面层线构成板面横平竖直的控制网。

7）排板：按图纸的墙中位置排板、对号（板有编号）。

8）安装第一层板：板自下而上安装，在安装前将板的背面侧面清扫干净，修边打眼，每块板的上下道穿眼数量均不得少于两个（可以打直孔也可打 35°斜孔，图 5-17）。

把铜丝穿入板材预先钻好的孔内，按事先找好的水平线和垂直线，在最下一行两头找平，拉横线从中间一块开始安装，右手伸

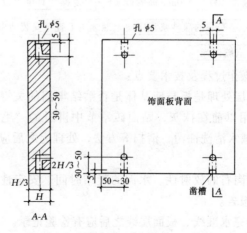

图 5-17　石材打眼图

216

入石板背后把石板下铜丝绑扎在横筋上拴牢即可，然后绑扎石板上口铜丝并用木楔子垫稳。用靠尺检查调整木楔再系紧铜丝。依次从中向两侧发展，如发现石板间隙不均匀，应用铅皮加垫调整均匀一致，以保持第一层石板上口平直，为第二层石板安装打下基础。板材安装固定如图5-18所示。

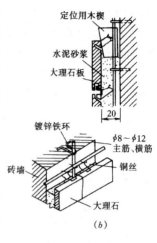

图 5-18　铜丝绑扎图

除用铜丝绑扎固定板材的方法之外，也可用镀锌锚固件将板材与基体连接。锚固件有扁钢锚件、圆钢锚件。根据锚固件不同、板材开口的形式也不同（见图5-19）。

临时固定措施：可视部位不同灵活采用，室内多用外贴石膏水泥的办法将调整完毕的板面将石膏贴在板的拼缝处，沿拼缝外贴 2～3 处或沿缝拼一条，使该层石板连成整体。上口的木楔也应贴上石膏以防面板的松动。

灌浆饰面板临时固定之后，浇水润湿板的背面及墙体基层，扫素水泥稀浆，而后灌 1:2.5 稠度 100～150mm 的水泥砂浆。灌

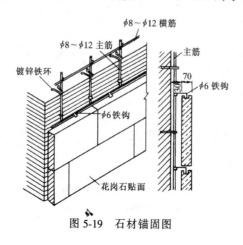

图 5-19　石材锚固图

浆时用小桶轻轻倒入缝内。注意不要碰动大理石板，也不要集中一处灌浆，同时检查板是否有外移。灌浆的填充高度为 150～200mm（不得超过石板高度的 1/3），然后用棒轻轻捣固，如发现位移、拆除重新安装。待砂浆初凝后再往上灌 150～200mm 高的砂浆，如此的反复数次，直至距板顶面 50～100mm 时开始安装第二层板（碎拼大理石墙面每天镶贴高度不宜超过 1.2m）。

9）清理板面：一层饰面板灌完浆初凝之后，方可清理上口余浆，并用棉纱擦干净，隔天再清理石板上口木楔。再按上述程序安装上一层饰面板，直至镶贴安装完毕。

10）嵌缝：全部安装完之后、清除所有的石膏及余浆残迹，然后用与石板颜色相同的白水泥调配的色浆嵌缝，边嵌边擦干净，缝隙密实，颜色一致。

11）抛光：由于施工过程中的污染其镜面板材失去光泽所以在安装完成后抛光打蜡。

板材的平面接缝，阴阳角接缝，凹凸错缝（图 5-20）。

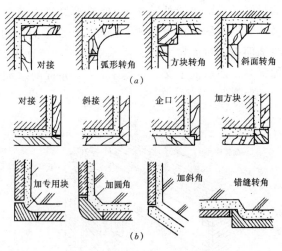

图 5-20 阴阳角接缝图
（a）阴角处理；（b）阳角处理

饰面板安装工程：

本节只用于内墙饰面板安装工程和高度不大于 24m，抗震设防烈度不大于 7 度的外墙饰面板安装工程的质量验收。

4．室内方柱、柱面大理石板安装

（1）工艺流程：

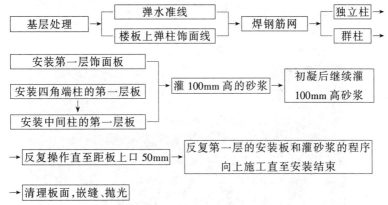

（2）操作过程及技术要点：

1）基层处理与弹线：首先应测量柱的中心线，群柱之间的通顺即水平通线，在楼板面上弹出石板的饰面线，而后剔凿"毛化"处理和清洗油污（方柱凿去方角）。

2）材料的复试、基层的检查验收、预埋件的隐蔽验收、后置埋件拉拔试验、焊钢筋网，其方法与室内墙面大理石板安装的方法相同。

3）石面板的背面距柱基面应保持有 40mm 以上的距离，便于灌砂浆。

4）安装第一层板，群柱首先安装端头柱的第一层板，放板时对准楼板面上弹的柱下口线引水准线至板上口平，钉顶板至地面的柱阳角立线，柱与柱之间拉外饰面水平通线，形成控制网。

板号对位，从两端头柱向中间柱方向安装。安装前清扫板的背面、侧面，用底口木楔控制板上口的标高和平整度，饰面板外侧可用夹具卡紧，绳绑扎。上口用木楔找正板的立缝、水平缝，满涂石膏封闭，形成饰面板的临时固定体系。

柱饰面板每安装一块必须横平竖直，相互间水平通顺，待堵缝固定板的石膏固化起到板与板之间的拉结作用之后按墙面饰面板安装程序施工即可。但是群柱应随安装随检查相互之间的水平通顺，如发现不通顺应拆除重做。

5）柱面板安装不仅应注意检查板面平整、垂直、通顺，还要检查缝隙符合设计要求接缝通顺平整。方柱或墙剁的阴阳角方正，接缝处理符合设计要求（图 5-21）。

图 5-21　方柱

6）灌浆：同墙面饰面板分层进行，按四周顺序有序浇筑。高不超过 150mm，初凝后继续分层灌浆（间隔时间常温下一般两小时左右）直至距面板上口 50mm 为止。

7）其他详见室内墙面石板安装。

5.圆柱体大理石饰面板安装

以某项目工程 10 根圆柱表面镶贴大理石为例：

（1）圆柱特点：

220

该圆柱为钢筋混凝土框架柱，直径为800mm，高度为3.9～8.25mm不等，贴好大理石后外径为1m。圆弧面大理石板材在厂家订做。由8块大理石板材组成，圆柱体板材高度有250mm和600mm两种，厚度为30～60mm不等，外表面光洁，内表面粗糙。

（2）施工准备：

1）熟悉图纸及配料单。认真核实结构实际偏差，如有问题，提前排除。深入班组做好任务交底工作。

2）工具：圆柱箍，由两个半圆拼成，用扁钢、木衬加螺栓制成，做工应精细，特别是内圆，见图5-22，另准备10号和16号铁丝备用；电钻1台；切割机1台；木榔头等随手工具备齐。

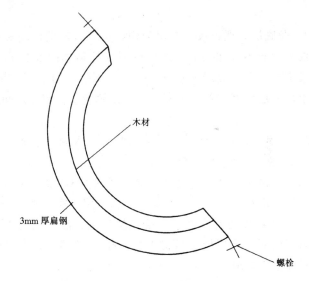

木材

3mm厚扁钢

螺栓

图5-22 圆柱箍制作图

3）清理柱根，按图纸的设计标高在圆柱上弹镶贴起步水平线。用水泥砂浆找平压光，要和所找平的水平起步线齐平，上表面用水平尺检验。正式镶贴前，用横竖轴线弹到地面上放出圆周线。

4）清理柱面并凿毛，凿毛深度为 10mm 左右，间距为 30mm。为使浇灌混凝土时结合密实，大理石板材内面也应清刷干净。

5）选择大理石块板，尽量做到花纹一致。如厂家已编好号，应严格按编号顺序安装；如无编号，应先预排编号，使每一根柱的纹理基本相顺。

（3）安装方法：

1）镶贴用的大理石板材应提前钻孔。钻孔可用手电钻头钻孔，孔位距板材两端 1/4 处，孔径为 5mm，深 5mm，孔位距板背面约 8mm。上口钻好后，上再钻平孔，使两孔贯通。上口孔处可用錾子轻剔一槽，以使铜丝穿孔。铜丝和圆柱上的圆 6 钢筋圆圈固定。

2）摆底层大理石板，两块大理石板所拼成的圆应和楼板面上所放的圆圈墨线相吻合，经检查后加柱箍如图 5-22 所示，逐渐上紧螺栓，上口应用水平尺找平，如不平可用小木片垫下部，为贴上面一层做好准备，垂直度可用线锤检查，相互之间拉通线检查。

3）经反复检查无误后，即可浇灌 1:3 水泥砂浆或较高强度的细石混凝土。浇灌应分层进行。

第一层浇灌高度不得超过板材高度的 1/3。第一层灌浆决定板材定位，应小心操作，防止碰撞。第一层浇完后稍停片刻，检查确认板材无移动后，再进行第二层灌浆，灌至板材的 1/2 高度。第三层灌浆灌到低于板材上口 100mm 处即可，余量作为上层板材灌浆的接缝。

（4）第二层大理石板与第一层竖缝压中为好，操作方法同第一层。应随时注意板上口的水平及立面的垂直，两层接缝处必须用柱箍箍紧，上层板上口处用 10 号铁丝扎紧，依此逐层向上施工，注意稳中求快，每天的操作高度以二层为宜，可采取流水作业。

（5）板块表面如有缺边、麻点，可用环氧树脂腻子修补，其配合比见表 5-10 修补时，先刮抹平整缺陷处，养护 1 天后，用砂纸轻轻磨平，再养护 2 天，打蜡出光，如在运输或装卸过程中造成不严重的崩缺，也可用市售的石材粘结剂粘结。

（6）清理嵌缝，每一层灌浆完待砂浆初凝后即可清理板材上口及立面。

环氧树脂腻子配合比　　　　　　　表 5-10

材料名称	重量配合比
环氧树脂	10
乙二胺	1
邻苯二甲酸二丁脂	1
白水泥	15～20
颜料	适量（与大理石颜色相同）

余浆并用棉纱擦干净，全部大理石安装完毕后应将表面彻底清理干净，并按板材颜色调制水泥色浆嵌缝，边嵌边擦，使缝隙密实干净，颜色一致，最后打蜡上光。

三、室内干挂石材工艺

1. 范围

墙柱干挂石材（天然镜面花岗石）其中包括了墙裙、柱裙以及墙柱的踢脚和腰线。

墙身大部分是陶粒空心砖外焊钢架，而后干挂石材。柱身一律是钢筋混凝土钻孔，安装后置埋件、干挂石材。

2. 施工方法

裙板以下是传统湿作业（包括裙板），裙板以上是干挂工艺。

3. 工艺流程

（1）柱：

弹轴线，抄平线→柱体偏差测量→延伸轴线至地面→弹柱踢脚石材外边框线→纵排柱与横排柱均拉通线→柱体之间偏差测量→偏差处理→弹挂件位置线钻孔，安装锚栓→挂件选择和安装→安装踢脚板→分层→灌砂浆→安装裙板→分层灌砂浆→干挂石材腰线→干挂石材柱板→注嵌缝胶→清理（图 5-23）。

（2）墙：

图 5-23　干挂安装

　　弹挂石材钢架的外皮线、抄平→墙身整体偏差测量→在地面和顶部钻孔，安装锚栓→弹挂架位置线挂件选择和安装→焊钢架（挂架）→安装挂件→安装石材踢脚板→分层灌砂浆→安装裙板→分层灌砂浆→干挂石材腰线→干挂石材墙面板→注嵌缝胶→清理（图 5-24）。

图 5-24　墙裙石材安装图

4. 操作要点

（1）偏差测量：

为了保证石材面的平整、垂直和相互间的通顺和彼此交圈，而且方便施工安装，所以安装之前首先要作偏差测量。

通过偏差测量、记录建筑物结构尺寸的施工误差，找出建筑物实际尺寸与设计尺寸之间的差数，以便修整或者分配误差，确定石材面层的实际尺寸。

（2）石材面层位置确定后，分析和调整挂件，确定是否能满足安装要求，若不能满足要求立即与设计联系，采取补救措施。

（3）洞口、转角以及挂板与其他专业之间位置的偏差测量，确定实际位置，提供挂板安装的准确尺寸。对于在挂板与其他专业交界面位置出现偏差，要通过设计综合考虑安排调整。

（4）弹放挂板外皮线的依据是原有的结构轴线和水准线，以保证与其他专业的衔接和协调。挂板的转角部位均应挂钢丝立线。

（5）此时由轴线、水平线、钢丝立线构成了干挂石材的控制网，轴线控制石材面板的外皮位置，水平线控制踢脚板、墙、柱裙板及腰线和板缝的水平位置，墙、柱的上口位置以及所有水平缝的通顺。钢丝立线是控制转角位置。

（6）弹挂件位置线，确定后埋置件的中心点。

（7）在混凝土柱上钻后埋置件的孔位，钻孔时必须保持钻机与墙、柱面的垂直。钻孔完毕应将孔内清理干净，应平、直、干净，其深度应达到锚栓包装盒上图示的埋深要求。如遇钢筋可移动孔位，但是墙面上相邻的两孔之间的距离不得小于 3 倍的孔径，最大不得大于 60mm，孔位移动后必须将墙面原孔用高强度水泥砂浆、封堵，并通知石材钻孔人员注意改变石材销钉位置。如果石材已钻孔，则原销钉孔位置必须用经石材厂家认可的结构胶修补，且新钻孔距原孔的距离不得小于 50mm。

（8）挂件的选择和安装：

选择有原则是墙面和石材之间距离，加长或减短挂件。如遇到凸出的混凝土应在不伤害结构的基础上剔凿，否则应考虑更换挂件体系或设计协商解决。

（9）安装挂件：

应根据控制线调整挂件到它的最终位置，固定后应检查锚栓的埋入深度，并用扭力扳手检查其牢固性。锚栓埋入深度和扭力值按产品说明书的规定。

（10）后置埋件依据规范在现场做拉拔强度试验，试验置必须符合设计。

（11）空心砖墙部位焊钢架：

检验钢架尺寸、平整度和垂直度，角方正以及挠度，如果挠度大可在空心砖墙局部灌混凝土增加拉锚点或增加斜撑。

（12）钢架的水平杆件的位置应是石板的高度增减所选用挂件的相关尺寸。弹挂件位置线、钻孔、安装挂件（图5-25），在踢脚和腰线部位增加锚固挂件的水平杆件。

图 5-25 石材干挂骨架图

（13）石材安装：

1）选石材：无裂损、规格尺寸符合要求，板面平整、边角方正、线角通顺，无明显的色斑、色差等。

2）踢脚板安装：由于底部易碰撞，所以用砂浆灌筑，但必须分层灌，边灌边检查垂直、方正、平整和柱子之间的通顺，如发现问题应拆除，校正之后再安装（图5-26）。

图 5-26　踢脚安装

3）安装柱裙板：校核方正和相互之间的通顺，注入销孔胶，紧固拉锚件。

4）安装墙裙板：校核平直，接搓线条通顺，紧固拉锚件，先将销孔胶注入石材底部的销孔内（即裙板的上销孔）然后将腰线石材抬起插放到底部挂件的上面。拉线调直调顺、调平、腰线，安装上部挂件（临时固定）用水平控制线再次检查腰线的平、顺、直，用塞尺检查接缝的宽度，如合格用木楔临时固定，如不合格把腰线卸下调整挂件，重新安装，不允许在石材上墙的情况下用锤子或其他工具敲击挂件。

同一水平面的腰线安装完之后，再统一灌注腰线上部的销孔胶。注胶前将销钉拔出，移开舌板，放入可压缩材料，然后注入销孔胶，再将销钉插入至销钉孔的全部深度，消除从销钉孔中挤出来的胶。

重新将舌板定位，拧紧螺栓，将挂件做终固定。

5）采用以上相同的方法安装柱或墙的石质板材，边装边检查校正，用石膏水泥临时固定，不合格的既时拆除重新安装。

（14）注密封胶：

1）首先用毛刷清理板缝。

2）在板缝内塞入发泡条作为填充物。

3）在板缝两边粘贴水性胶带，防止嵌缝胶污染石材。发泡条应比缝宽 1.25 倍，填充后应停留 24h，使其充分发泡后方可打胶。

4）打胶应用专业胶枪，操作顺序，先水平后垂直，注胶时应用力均匀不抖动，注完后立即抹平、抹匀。

打胶后 24h 才能干燥，此段时间，室内应避免扬尘。

四、大理石盥洗台制作和安装

1. 施工准备

（1）钢架制作：

钢架主要承受盥洗台的荷重，是由 L50×32×3 与 L30×3 角钢焊接而成，两端搁置进墙或直接搁在砖墩上。

（2）盥洗台制作：

大理石盥洗台由大理石台面，侧面板和围边 3 种板材组成。大理石台面用以安装面盆器具和五金配件，侧面板是安装金属手纸盒和卷纸筒盒，围边承受镜面玻璃、台面、侧面板需按面盆规格五金配件的器具尺寸切割成型，其方法是：

1）制样板（即套板）尺寸，依据面盆的实样和五金配件的尺寸用夹板加工制成实样。

2）搭设切割板块的工作台。

3）接入水龙头，布置排水系统和安装用电装置。

4）切割：先在大理石块材背面，套上实样样板，划出切割标志线后，用电动切割机接入水管或浇水，轻捷地沿线试割，注意切割机刀片必须垂直伸入，不得歪斜，切割机必须握稳。待切割机刀具穿入大理石块材，才可平稳地沿线向前推进，待按线切割后，一般切割料可自行脱下，部分只需轻击一下即可脱下。

5）磨光：在大理石块材切割成型后，可用角向磨光板反复摩擦，直到光滑度与大理石块材光面相似程度为止。

2. 安装方法

大理石盥洗台的安装尺寸应按设计图纸上所注标尺寸施工，同时注意结构施工的隔断尺寸必须符合要求，墙面装饰材料的粉刷厚度必须严格控制,还应该控制盥洗室内各项设备的位置尺寸。

（1）大理石盥洗台的安装（图 5-27）

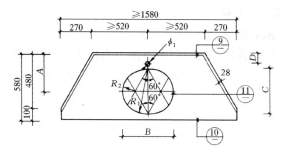

化妆台板（一）

注：1. 用于 4 型卫生间。

2. 图中 A、B、C、D、R₁、R₂、φ₁ 等尺寸根据所购台
式洗脸盆决定。

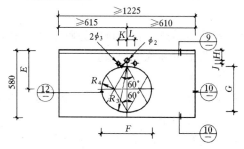

化妆台板（二）

注：1. 用于 5 型卫生间。

2. 图中 E、F、G、H、J、K、L、R₃、R₄、φ₂、
φ₃ 等尺寸根据所购台式洗脸盆决定。

图 5-27　大理石盥洗台安装图

（2）工艺流程：

砌筑砖墩或墙面凿搁置洞 → 钢架安装 → 侧板 → 大理石台面安装 →

围边安装 → 水平尺检验 → 面盆、五金配件和玻璃镜面安装 →

嵌密封玻璃膏

（3）安装要领和质量要求：

大理石块材采用进口硅胶直接粘结在钢架上，安装时要求水平尺纵横方向误差不得大于 1mm。

五、质量标准

（1）饰面板的品种、规格、颜色和性能应符合设计要求，木龙骨、木饰面板和塑料饰面板的燃烧性能等级应符合设计要求。

检验方法：观察、检查产品合格证书、进场验收记录和性能检测报告。

（2）饰面板孔、槽的数量、位置和尺寸应符合设计要求。

检验方法：检查进场验收记录和施工记录。

（3）饰面板安装工程的预埋件（或后置埋件）、连接件的数量、规格、位置、连接方法和防腐处理必须符合设计要求。后置埋件的现场拉拔强度必须符合设计要求。饰面板安装必须牢固。

检验方法：手板检查；检查进场验收记录、现场拉拔检测报告、隐蔽工程验收记录和施工记录。

一般项目：

（4）饰面板表面应平整、洁净、色泽一致，无裂痕和缺损。石材表面应无泛碱等污染。

检验方法：观察。

（5）饰面板嵌缝应密实、平直，宽度和深度应符合设计要求，嵌填材料色泽应一致。

检验方法：观察；尺量检查。

（6）采用湿作业法施工的饰面板工程，石材应进行防碱背涂处理。饰面板与基体之间的灌注材料应饱满、密实。

检验方法：用小锤轻击检查；检查施工记录。

（7）饰面板上的孔洞应套割吻合，边缘应整齐。

检验方法：观察。

（8）饰面板安装的允许偏差和检验方法应符合表 5-11 的规定。

项次	项目	允许偏差（mm）							检 验 方 法
		石　　材			瓷板	木板	塑料	金属	
		光面	剁斧石	蘑菇石					
1	立面垂直度	2	3	3	2	1.5	2	2	用2m垂直检测尺检查
2	表面平整度	2	3	—	1.5	1	3	3	用2m垂直检测尺检查
3	阴阳角方正	2	4	4	2	1.5	3	3	用直角检测尺检查
4	接缝直线度	2	4	4	2	1	1	1	拉5m线，不足5m拉通线，用钢直尺检查
5	墙裙、勒脚上口直线度	2	3	3	2	2	2	2	拉5m线，不足5m拉通线，用钢直尺检查
6	接缝高低差	0.5	3	—	0.5	0.5	1	1	用钢直尺和塞尺检查
7	接缝宽度	1	2	2	1	1	1	1	用钢直尺检查

六、注意质量问题

（1）接缝不平，高低差过大，主要是基层处理不好，对板材质量没有严格挑选，安装前试拼不认真，施工操作不当，分次灌浆过高等，容易造成石板外移或板面错动，以致出现接缝不平，高低差过大。

（2）空鼓，主要是灌浆不饱满，不密实所致，如灌浆稠度大，使砂浆不能流动或因钢筋网阻挡造成该处不实而空鼓，如砂浆过稀，一方面容易造成漏浆或由于水分蒸发形成空隙而空鼓，最后清理石膏，剔凿用力过大，使板材振动空鼓，缺乏养护，脱水过早，也会产生空鼓等。

（3）开裂：

有的大理石石质较差，色纹多，出现粘贴部位不当，墙面上下空隙留得较少，常受到各种外力影响，出现在色纹暗缝或其他隐伤等处，产生不规则的裂缝。

镶贴墙面，柱面时，上下空隙较小，结构受压变形，使饰面石板受到垂直方向的压力而开裂，施工时应待墙、柱面等承重结构沉降隐定后进行，尤其在顶部和底部安装板块时，应留有一定的缝隙，以防结构压缩，饰面石板直接承重被压开裂。

（4）墙面碰损、污染，主要是由于块材在搬运和操作中被砂浆等脏物污染，未及时清洗或安装后成品保护不好所致，应随手擦净，以免时间过长污染板面，此外，还应防止酸碱类化学品，有色液体等直接接触大理石等表面，造成污染。

如室外大面积镶贴饰面板，而且直接朝阳时，建议采用干挂法施工，既能保持原饰面板清晰美观，又不会由于温度变化而产生饰面板脱落事故，如采取传统湿挂作业时，建议设计要考虑温度变形缝（如分格法和拉开板缝法等）目的是严防由于热胀冷缩产生裂缝和块材脱落，同时还要有预防块材反碱等措施。

第二十一节　现制水磨石地面

一、适用范围

建筑装饰工程美术水磨石楼地面工程。

二、工艺流程

基层处理 / 弹水准线 → 浇水润湿 → 冲筋及踢脚板找规矩 → 拌制底灰 → 铺抹底灰 →

→ 养护 → 镶分格条 → 拌制石渣灰 → 铺抹石渣灰 → 养护 → 磨光酸洗 →

打蜡

三、技术要点

（1）水泥宜采用强度等级 42.5 以上的普通水泥或矿渣硅酸盐水泥，浅色或白色美术磨石面层宜采用白水泥，同颜色的面层应使用同一批号水泥，如掺色料应选用同厂、同批号颜料，其掺入量宜为水泥重的 3%～6% 也可通过试验确定。

（2）石渣：应用坚硬可磨的岩石（白云石、大理石）加工而成其粒径一般是 4～12mm，由于粒径直接影响罩面灰的厚度，宜结合罩面灰厚度选用。并应符合设计要求（并包括图案）（粒径分为大、中、小八厘，既分别是8、6、4mm）。

（3）颜料、美术磨石采用耐光耐碱矿物颜料，其掺量宜为水泥重量的5%，不得大于10%，宜与水泥一次调配过筛配用。

（4）基层处理：检查基层的平整度和标高，凸出处应进行剔凿，对落地灰、杂物、油污等应清理干净。

（5）浇水润湿应在抹底灰前一天进行。

（6）冲筋应根据墙上的水准线，下反尺量出地面标高，留出面层厚度沿墙边拉通线做灰饼，用干硬性砂浆，冲筋距离1.5m左右。有地漏的地面应按设计要求找坡，一般由排水方向找1%～5%的泛水坡度。

踢脚板找规矩：根据墙面抹灰厚度，在阴阳角处套方，量尺、拉线确定踢脚板厚度，按底层灰厚度冲筋。

（7）底灰铺抹：在铺灰前基层刷1:0，5水泥砂浆:底灰一般采购员用体积比1:3，相应的强度等级不应小于M10，稠度（以标准圆锥体沉入度计）宜为30～35mm。

（8）按底灰标高冲筋后，跟着铺底灰，先用铁抹子将灰摊平拍实，用2m刮杠、刮平，随即用木抹搓平用2m靠尺检查。

（9）在常温情况下底层抹完后应养护2天以上。

（10）镶分格条：

（1）按设计要求弹分格线。

（2）美术水磨石地面分格采用玻璃条时在贴条处先抹一条50mm宽的彩色面层的水泥砂浆带，弹线镶玻璃条。

（3）分格条一般均为10mm高，镶条时先将平口板尺按分格线位置靠直将玻璃条或铜条就位置紧贴板尺，用铁抹子在分格条底口抹素水泥浆八字5mm高。底于分格条顶4～6mm，并做成30°斜坡。在分格条交叉处应留出15～20mm的空隙不填水泥浆，这样在铺设水泥石子浆时，石粒就能靠近分格条交叉处。分格条应平直、牢固、接头严密。

（4）铜分格条应在底部向上1/3处打眼穿22号铅丝。

（5）分格条拉5m线检查误差不得超过1mm。

（6）镶条后应浇水养护，不得少于 2 天。

10．抹面层石渣灰与镶压：

（1）面层石渣灰配比为 1∶2～2.5（水泥∶石渣）。

（2）铺灰：先把养护水清扫干净，撒一层薄水泥浆涂匀石渣灰从分格条边向里铺随刷随铺已拌合均匀的水泥石子浆。水泥石子浆应摊铺平整，并高出分格条顶面积 2mm，用铁抹子将水泥石子浆拍平，再用铁滚筒滚压密实，滚压时应从分格条处向中间进行，一般滚压两遍，如有石粒粘在滚筒上应及时除掉，归还到水泥石子浆中。滚压密实，待表面出浆后，再用抹子抹平。

滚压完毕应及时进行养护。养护所需时间可参照表 5-12 的规定。

（3）美术水磨石应先做深色，后做浅色。

水泥石子浆养护时间　　　　　　　表 5-12

平均气温（℃）	养护时间（d）	
	机　磨	人工磨
20～30	3～4	1～2
10～20	4～5	1.5～2.5
5～10	6～7	2～3

（11）磨光酸洗：应先试磨，没有掉石粒现象，正式开磨。

1）磨光遍：用粒径 60～80 号粗砂轮磨石机磨，在地面上专横八字，边磨边加水、加砂，应达到分格条与石粒全部露出、磨平、清洗检查合格后，擦一层水泥素浆，次日继续浇水养护 2～3 天。

2）磨第二遍：用粒径 120～180 号砂轮，磨完擦素水泥浆再养护 2～3 天。

3）磨第三遍：用粒径 180～240 号细磨石，并用油石出光，高级磨石应适当增加遍数，同时提高油石号数。

4）出光、酸洗：油石出光，草酸洗，撒锯末扫干，表面清晰、光亮。

（12）打蜡：干净布或棉丝、麻丝均可沾稀糊状成蜡，均匀的涂在磨面上，用磨石机压磨、擦打。

四、质量标准

1．主控项目

（1）石粒应坚硬、洁净、无杂物，粒径无特殊要求外应 6～15mm，水泥强度等级不小于 32.5，颜料耐光、耐酸、耐碱，无酸性颜料。

（2）结合层与面层砂浆配合比应准确。

（3）面层与下一层结合应牢固、无空鼓、裂纹。

2．一般项目

（1）表面光滑：无明显裂纹，砂眼和磨纹，石粒密实，显露均匀，颜色图案一致，不混色，分格条牢固、顺直、清晰。

（2）楼梯踏步的宽度、高度应符合设计要求。梯段相邻踏步高度差不应大于 10mm，每个踏步两端宽度差不应大于 10mm。

（3）面层允许偏差：

表面平整度 2mm；

缝格平直 2mm。

第二十二节　建筑堆塑工艺的基本知识

古建筑的装饰以画、雕、塑为主。堆塑是古建筑装饰的一种。它是在屋脊、檐口、飞檐和戗角等处用纸筋灰一层层堆起的，具有主体感、栩栩如生的装饰。它在施工前，需要把构思的人物等造型以及衬托的背景画在纸上，然后按此施工。

装饰抹灰工人应了解和懂得堆塑技术的基本知识。

一、堆塑施工工艺

1．扎骨架

用钢丝或镀锌铅丝配合粗细麻，按图样先扭扎成人物（或飞禽走兽）造型的轮廓，如能用铜丝扭扎则更为理想，因为铜丝不易锈蚀，经历年代更长久，一般 30～50 年。主骨架用 8 号铅丝或直径 6mm 的钢筋及铜丝绑扎的、在背脊处，与屋面上事先预埋的钢筋连接。

2. 刮草坯

用纸筋灰堆塑出人物模型。草坯用粗纸筋灰，配合比为块灰5kg，粗纸筋 10kg，粗纸筋要用瓦刀斩碎，泡在水里 4～6 个月，使其化至烂软后捞起与石灰膏拌合，然后放在石勺中用木桩锤至均匀，使其有一定粘性后即可使用。

3. 堆塑细坯

需用细纸筋加工的，纸筋灰按图样（或实像）堆塑。细纸筋灰的加工方法与配合比同前，但细纸筋捞出后需要过滤，以清除其杂质。细纸筋灰中要掺入青煤，掺量以能达到与屋面砖瓦颜色相同为止。青煤因其质轻，需要化好后再用，遇结块要捣成粉末状再用，灰中最好加入牛皮胶。

4. 磨光

使用铁皮或黄杨木加工的板形或条形溜子，把塑造成的人物从上到下压、刮、磨 3～4 遍，磨到即压实又磨光为止，使塑造的模型表面无痕迹并发亮。

二、堆塑注意事项

1. 堆塑时要用稠一些的纸筋灰一层层堆起，每层厚度大约 5～10mm，不要一遍堆得太厚，以免龟裂。

如果某部分需要堆厚，堆高，可多堆几遍，以免收缩不均匀，影响下一工序的进行。

（2）纸筋灰的收缩性较大，塑性形变要参照图样或实样按2%的比例放大。

（3）堆塑时最好要 2～3 个花饰轮流操作，以免等待纸筋灰稍干，造成操作中途停歇。

（4）小型装饰品，为了提高工作效率可在加工厂预制好后进行安装。

（5）堆塑用料各地不同，即使同一地区，用料也不尽一致。近来为了发展旅游事业，各地均在翻修古建筑，为了保持其古色古香，还是采用纸筋灰为宜。

（6）据古建筑装饰老艺人经验介绍，堆塑要把住三关，一是纸筋灰的配制，一定要捣至本身具有粘性和可塑性方可使用；二是按图精心塑制，切勿操之过急；三是压实磨光，这是关键，花饰愈压实磨光不会渗水，经历的年代愈长，愈坚固。

第六章　管　　理

第一节　季节性施工管理

抹灰镶贴工程受环境的温度、湿度、日晒、风速等自然环境变化的影响比较大，直接关系到经济效益和工程质量。例如：一栋居民楼在竣工一年之后居民反映室内墙面瓷砖空鼓、脱落。经检查空鼓、脱落主要发生在面向南的墙面，而且面积大，经分析该项工程镶贴面砖施工期是在7月份，盛夏日晒，面向南的墙面干燥，砂浆失水快所造成。

另一例：顶棚灰抹完后，出现大面积小裂纹，造成的原因经分析是在抹罩面灰时门扇玻璃未安装，形成室内过堂风，正是由于风急，使罩面灰表面收水过快，基层灰收水慢，造成内外砂浆层收缩快慢不同，形成大面积风裂。

以上两个实例分别发生在夏季和春节，说明季节对抹灰质量的影响，不仅在冬季，而是各个季节都有。基层浇水润湿的深度、砂浆的稠度、砂浆层与层之间的间隔时间等等都与当时的季节有关，所以做好季节性管理是保证质量的一项关键性要素。

季节管理的手段首先是编制季节性施工方案或技术交底，依据季节性的客观规律组织施工。

1. 冬季施工方案

冬季施工的确认和应具备的技术条件：相关规范确定，当预计连续5天内的平均气温低于5℃时，抹灰工程施工应采取冬期施工技术措施。冬期施工期限以外，当日最低气温低于-3℃时，也应按冬期施工的有关规定。

冬季对抹灰最大的影响是砂浆中的水分冻结和施抹的基层有

冰霜以及原材料的砂、石灰膏受冻。其中砂浆受冻后失去和易性，特别是石灰膏是气硬性材料，受冻后结晶形不成，失去碳化作用，反而由于自身的耐水性差把凝结硬化变成溃散，对应以上的问题冬季施工的主要管理点如下：

（1）防止砂浆受冻，所以规范规定：

在规范《建筑装饰装修工程质量验收规范》（GB50210—2001）有关条款规定"室内外装饰、装修工程施工的环境条件应满足施工工艺的要求，施工环境温度不应低于5℃"明确了施工环境的最低温度为＋5℃，又指出必须在低于5℃气温下施工时，应采取保证质量的有效措施，也就是在低于＋5℃气温以下施工应有技术保证措施，通常所说的冬季施工方案（分为冷作或热作）。

（2）在＋5℃以下的砂浆可用粉煤灰替代石灰膏或掺氯化钙（或亚硝酸钠）上述是冷作方案，热作是室内温度控制在10℃左右，水和砂加热，但分别不得超过80℃、40℃等盐类降低结冰点，但是作涂料墙面不可用外加剂。

（3）冻结法砌的墙，解冻之前不允许抹灰。

（4）石灰膏和砂的储存应有防冻措施。

（5）搅拌棚应有保温措施，用水应加温到设计温度。

（6）中午应有专人开窗通风换气，促石灰膏的结晶和硬化。

2．雨季施工方案

雨季的进入应根据当地气象资料的积累，进入雨季对抹灰最大的影响是：原材料的储存与室外抹灰基层含水量，层与层之间的间隔时间加长以致被水冲刷等问题，对应以上问题的主要管理点如下：

（1）原材料进入现场储存应有防雨措施和排水措施。水泥库应防漏防潮。

（2）应在屋面防水层做完之后做室内抹灰，否则应有专项防雨措施。

（3）室外抹灰有应急的遮雨措施。

（4）雨后依据砂子含水量调整砂浆搅拌时的加水量。

（5）雨后抹外墙应依据基层墙体的含水量调整砂浆搅拌时的加水量。

3. 盛夏干热季节

（1）基层与养护都应增加浇水量。

（2）水泥砂浆随拌随用，如气温超过 30℃，砂浆应在 2h 内用完。

第二节 班 组 管 理

班组是能够在企业生产活动中，独立完成某一个系统、程序或分部、分项工作任务的作用小组，是企业生产活动的最小单位。

加强班组建设，实施各方面管理方法，完成企业交给班组的各项任务。

一、班组管理的任务、内容和特点

1. 班组管理的任务

班组管理的任务是贯彻上级下达的生产任务要求，遵循生产特点和规律，合理配制资源，把班组成员有机地组织起来，完成各项任务指标。使全部生产过程达到高速度、高质量、高工效、低成本、安全生产、文明施工的要求。

2. 班组管理的内容

（1）班组生产作业计划管理：广义的质量包括工作质量和产品质量。

根据企业给班组下达的任务和要求，组织班组人员做好熟悉图纸、生产准备、合理利用资源、确定实施方案等方面的工作，按期完成任务。

（2）班组质量管理：广义的质量包括工作质量和产品质量。

建立"三上墙"和"三检制"，既项目负责人的姓名上墙、技术等级上墙、质量目标上墙为"三上墙"。自检、互检、交接检为"三检制"。

建立、健全班组质量管理责任制，积极开展 QC 小组活动，针对生产任务的内容组织学习相关的质量标准、规范，提高作业质量。全面质量管理是全过程的质量管理。

（3）班组安全生产和文明施工管理：

针对生产任务的内容，强调班组人员安全生产的意识，严格执行安全技术操作规程和各项规章制度，保证安全生产和文明施工。

（4）班组工料消耗监督管理：

对班组生产中的每一项任务，都进行用工用料分析，不断提高劳动生产率，降低材料和用工消耗，提高经济效益。

（5）班组职工素质的提高：

班组管理中应注意职工技术水平的提高，做好"传帮带"，大力提倡敬业精神，落实岗位经济责任制，开展技术革新，建立技术档案填写各种原始记录。

3．班组管理特点

由于班组是企业最基层的生产单位，在管理上有着自身的特点。

班组管理是企业的第一线管理。

班组管理是第一线管理，也就是对任何方案、计划的最终产生实施的管理。

二、班组管理的实施方法

1．班组生产作业计划管理

班组应配合公司年计划制定年规划。依据领导下的具体任务编制月计划或旬计划。按月、旬计划每日检查日计划完成情况，保证企业整体计划的实施。

2．班组质量管理

班组质量管理工作是企业的最基础产品质量管理。

班组质量管理责任制和 QC 小组活动，是班组质量管理的两个方面，两者是统一的。目的是管好影响质量的因素，研究改进措施。

（1）班组质量管理责任制度：

为保证工程质量，一定要明确规定班组长、质量员和每个工人的质量管理责任制，建立严格的管理制度。这样，才能使质量管理的任务、要求、办法具有可靠的组织保证。

1）班组长质量管理职责：

组织班组成员认真学习质量验收标准和施工验收规范，并按要求去进行生产。

督促本班的自检和互检，组织好同其他班组的交接检、指导、检查班组质量员的工作。

做好班内质量动态资料的收集和整理，及时填好质量方面的原始记录，如自检表等。

经常召开班组的质量会，研究分析班组的质量水平，开展批评与自我批评，组织本班向质量过硬的班组学习，积极参加质量检查及验收活动。

2）班组质量员职责：

组织实施质量管理三检制，即自检、互检和交接检。

做好班组质量参谋，提出好的建议，协助班组长搞好本组质量管理工作。

严把质量关，对质量不合格的产品，不转给下道工序。

3）班组组员的质量职责：

牢固树立"质量第一"的思想。遵守操作规程和技术规定。对自己的工作要精益求精。

听从班组长、质量员的指挥，操作前认真熟悉图纸，操作中坚持按图和工艺标准施工，主动做好自检，填好原始记录。

爱护并节约原材料，合理使用工具量具和设备，精心维护保养。

严格把住"质量关"，不合格的材料不使用、不合格的工序不交接、不合格的工艺不采用、不合格的产品不交工。

（2）开展 QC 小组活动：PDCA 循环是一种动态管理（计划、

执行、检查处理)。

QC 小组也叫质量管理活动小组,是在生产或工作岗位上从事各种劳动的职工,围绕企业的方针目标和现场存在的问题,运用质量管理的理论和方法,以改进质量、降低消耗、提高经济效益和人的素质为目的而组织起来,并开展活动的小组。

3. 班组安全生产和文明施工管理

安全生产和劳动保护是党和国家的一项重要政策,也是企业和班组管理的一项基本原则。必须在职工中牢固地树立"生产必须安全,安全为了生产"及预防为主的观点。克服那种认为"生产是硬指标,安全是软任务"的错误观点。根据生产特点,必须建立安全生产责任制,班组设立不脱产的安全员,加强安全检查,开展安全教育,认真执行安全操作规程,把安全工作贯穿于生产的全过程。如发生重大伤亡事故,在场人员应保护现场,在事故发生的 1h 内向安全部门报告。

班组长和安全员要针对班组各成员的具体工作,进行针对性的安全交底,容易出现安全问题的地方更要重点检查,反复交待,确保安全生产。

班组文明施工是企业素质的一种表现是管理的重要组成部分。班组在生产过程中必须按上级或施工组织的要求,在生产场地、材料堆放、使用机具、质量自检、社区关系等方面建立岗位责任制,定期检查和考评制,使生产过程具有良好的文明氛围。

4. 班组工料消耗监督管理

班组在生产活动中,对人工和材料消耗要进行核算和监督管理。

核算管理项目的确定要从实际出发,适应生产和劳动组织的特点,能核算到个人的要核算到个人,奖罚分明,调动每一个人的积极性。

工料核算可以和安排任务相结合,把任务工期、用工、用料、落实到个人、提前签发,即时核算,并做为职工按劳取酬的依据,工料核算表见表 6-1。

| 工料核算表 | | | | | | | | | | | 表 6-1 | | | | | |

施工队名称：

工人班组：　　年　月　（旬）

工程任务单			单位工程分部工程（分项工程）名称或工作内容	工程量			劳动工效			评定质量等级	主要材料消耗								
编号	开工日期	完工日期		单位	计划	实际	定额工日	实际工日	节约(+)超支(-)		定额用量	实际用量	节约或超支	定额用量	实际用量	节约或超支	定额用量	实际用量	节约或超支

（1）求工程量：

1）墙面面积：（长×高）－门窗面积；

2）地面面积：长×宽。

（2）求材料需要量。

1）依据配比求单方用量（注意：含水率）；

2）面积乘单方用量分别求出各种材料用量。

（3）工程量计划完成率：实际完成工程量/计划完成工程量×100%。

5. 全面提高职工的素质

职工的素质是在班组生产过程中，通过不断的学习和操作锻炼而提高的。提高职工素质是各个企业管理的一项重要内容。

班组职工素质提高常有以下几种方法：

（1）经常组织参加文化、技术业务学习，积极参加企业职工的岗位培训，对本专业的应知实行达标管理。

（2）加强应会训练，培养操作多面手。在班组安全生产时给职工提供各个工序的操作机会。

（3）选好课题，开展贯标活动，使各个层次组员都有参与管理的机会，使它们有成就感，更加热爱专业。

244

（4）建立各种制度和组员业务档案，按劳取酬，奖罚分明。

（5）走出班组，向管理好的班组学习，交流管理经验，全面提高职工素质。

小结：

班组管理是通过作业计划、质量、安全和文明施工、工料消耗和职工素质等方法的管理，加以实施。

班组生产作业管理具有计划管理与实施管理双重性。

质量管理是班组管理方法的重点。班组质量管理责任制和QC 小组活动，是班组质量管理的两个方面。质量管理的落脚点是贯彻执行国家质量检验评定标准和施工操作规范等法规。

安全生产是企业和班组管理的一项基本原则。生产必须安全，安全为了生产。

工料核算，责任到人能使班组达到产量与效益同步增加的目的。

职工的素质是在班组生产过程中，通过不断学习和操作锻炼等多种方法提高的。

三、班组岗位职责

1. 班组长的职责

围绕生产任务，组织全体同志认真讨论并编制旬、日作业计划，合理安排人力物力，保证各项工程如期如质地完成。

带领全班认真贯彻执行各项规章制度，遵守劳动纪律，组织好安全生产。

组织全班努力学习文化，钻研技术，开展"一专多能"的活动，不断提高劳动生产率。

做好文明施工，做到工完场清，活完料净。

积极支持和充分发挥班组内几大员的作用，做好本班组的各项管理工作。

做好思想政治工作，使大家严格按岗位责任制进行考核，不搞平均主义和好人主义。

2. "五大员"的职责

学习宣传员的职责是宣传党的路线、方针、政策，积极开展思想政治工作，搞好班组内的团结；及时宣传好人好事，号召和组织大家向先进人物学习；主动热情地帮助后进人物，揭露不良倾向；组织班组内的文化、技术业务学习，并积极带头参加，以身作则。

经济核算员的职责是协助班组长进行经济管理工作，核算班组各项技术经济指标完成的情况和各项技术经济效果；组织开展班组经济活动分析。

质量安全员的职责是经常不断地宣传"质量第一"的重要意义和安全生产的方针；监督检查全班执行技术安全操作规程和质量检验的情况，搞好每天（对所完成任务）的自检、互检、交接检制度；并认真填好质量自检记录，及时发现并纠正各种违章作业的现象，保证安全生产。

料具管理员的职责是做好班组内所领用的各种材料、工具、设备及劳保防护用品的领退、使用和保管等工作；督促全组人员节约使用各种原材料及用品，爱护国家财产；同经济核算员互相配合搞好本组的材料、工具、设备等指标的核算与分析。

工资考勤员的职责是做好班组的考勤记工工作，掌握工时利用情况，分析并记录劳动定额的执行情况；负责班组工资和奖金的领取、发放工作，核算本班劳动效率及出勤率，协助班组长搞好劳动力的管理。

3. 操作工人岗位职责

遵守企业的各项规章制度，树立高度组织观念，服从领导、服从分配，争当企业优秀职工。

热爱本职、钻研技术、安全工作、忠于职守，认真学习各项规范、规程、标准。

坚持按图纸施工、按施工规范、操作规程、安全规程进行操作，按质量标准进行验收。

爱护机器设备，节约能源、材料。

尊师、爱徒、团结互助。班组之间，工种之间要互相协作，搞好工序之间和工种之间的关系。

积极参加企业的挖潜、革新、改进操作方法，提高劳动生产率。

认真领会技术交底精神，并在操作中实施。

第三节 安 全 技 术

一、施工现场安全技术

1. 个人劳动保护

参加施工的工人，要熟知抹灰工的安全技术操作规程。在操作中，应坚守工作岗位，严禁酒后操作。

机械操作人员必须身体健康，并经过专业培训合格，取得上岗证，学员必须在师傅指导下进行操作。

进入施工现场，必须戴安全帽，禁止穿硬底鞋和拖鞋。机械操作工的长发不得外露。在没有防护设施的高空施工，必须系安全带。距地面 3m 以上作业要有防护栏杆、挡板或安全网。安全帽、安全带、安全网要定期检查，不符合要求的严禁使用。

施工现场的脚手架、防护设施、安全标志和警告牌，不得擅自拆动，需要拆动的应经工地施工负责人同意。

施工现场的洞、坑、沟、升降口、漏斗等危险处，应有防护设施或明显标志。

2. 高空作业安全技术

从事高空作业的人员要定期体检。经医生诊断，凡患高血压、心脏病、贫血病、癫痫病以及其他不适于高空作业的疾病，不得从事高空作业。

高空作业衣着要轻便，禁止穿硬底鞋和带钉易滑的鞋。

高空作业所用材料要堆放平稳，工具应随手放入工具袋内。上下传递物件禁止抛掷。在没有防护设施的高空施工，必须系安全带。

遇有恶劣气候（如风力在六级以上）影响安全施工时，禁止进行露天高空作业。

攀登用的梯子不得缺档，不得垫高使用。梯子横档间距以30cm为宜。使用时上端扎牢，下端应采取防滑措施。单面梯与地面夹角以60°～70°为宜，禁止两人同时在梯上作业。如需接长使用，应绑扎牢固。人字梯底脚要拉牢。在通道处使用梯子，应有人监护或设置围栏。

乘人的外用电梯、吊笼，应有可靠的安全装置。禁止随同运料的吊篮、吊盘等上下。

3. 机械喷涂抹灰安全技术

喷涂抹灰前，应检查输送管道是否固定牢固，以防管道滑脱伤人。

从事机械喷涂作业的施工人员，必须经过体检，并进行安全培训，合格后方可上岗操作。

喷枪手必须穿好工作服、胶皮鞋，戴好安全帽、手套和安全防护镜等劳保用品。

供料与喷涂人员之间的联络信号，应清晰辨别，准确无误。

喷涂作业时，严禁将喷枪口对人。当喷涂管道堵塞时，应先停机释放压力，避开人群进行拆卸排除，未卸压前严禁敲打晃动管道。

检查喷枪的喷嘴是否堵塞，应避免枪口突发喷射伤人。在喷涂过程中，应有专人配合，协助喷枪手拖管，以防移管时失控伤人。

输浆过程中，应随时检查输浆管连接处是否松动，以免管接头脱落，喷浆伤人。

清洗输浆管时，应先卸压，后进行清洗。

4. 脚手架使用安全技术

抹灰、饰面等用的外脚手架，其宽度不得小于0.8m，立杆间距不得大于2m；大横杆间距不得大于1.8m。脚手架允许荷载，每平方米不得超过270kg。脚手板需满铺，离墙面不得大于20cm，不得有空隙和探头板。脚手架拐弯处脚手板应交叉搭接。

垫平脚手板应用木块，并且要钉牢，不得用砖垫。脚手架的外侧，应绑 1m 高的防护栏杆和钉 18cm 高的挡脚板或防护立网。在门窗洞口搭设挑架（外伸脚手架），斜杆与墙面一般不大于 30°，并应支承在建筑物牢固部位，不得支承在窗台板、窗楣、腰线等处。墙内大横杆两端均必须伸过门窗洞两侧不少于 25m。挑架所有受力点都要绑防护栏杆（非架子工不允许搭拆脚手架）。

抹灰、饰面等用的里脚手架，其宽度不得小于 1.2m。木凳、金属支架应搭设平隐牢固，横杆间距（脚手板跨度）不得大于 2m。脚手板面离上层顶棚底应不小于 2m。架上堆放材料不得过于集中，在同一脚手板跨度内不应超过两人，大理石、瓷砖堆放平稳。

顶棚抹灰应搭设满堂脚手架，脚手板应满铺。脚手板之间的空隙宽度不得大于 5cm。脚手板距顶棚底不小于 2m。

不准在门窗、暖气片、洗面池等器物上搭设脚手架。阳台部位抹灰，外侧必须挂设安全网，严禁踩踏脚手架的护身栏杆和在阳台板上进行操作。

如建筑物施工已有砌筑用外脚手架或里脚手架，则进行抹灰、饰面工程施工时就可以利用这些脚手架，待抹灰、饰面工程完成后才拆除脚手架。多工种立体交叉作业，必须设置可靠安全的隔层（非操作人员严禁动用机械）。

5. 电气设备

（1）无特种作业操作证的电工不得上岗，采用三级配电二级保护，总配电箱、分配电箱、开关箱为三级配电，在总配电箱和开关箱两级漏电保护器，应合理配合，具有分级分段保护功能。

（2）开关箱直接控制用电设备。开关箱与所控制的用电设备水平距离不得大于 3m，与分配箱不得大于 30m。

二、机械使用安全技术

1. 砂浆搅拌机安全技术

砂浆搅拌启动前，应检查搅拌机的传动系统、工作装置、防护设施等均应牢固、操作灵活。启动后，先经空运转，检查搅拌叶旋转方向正确，方可加料加水进行搅拌。

砂浆搅拌机的搅拌喷运转中，不得用手或木棒等伸进搅拌筒内或在筒口清理砂浆。

搅拌中，如发生故障不能继续运转时，应立即切断电源。将筒内砂浆倒出，进行检修排除故障。

砂浆搅拌机使用完毕，应做好搅拌机内外的清洗、保养及场地的清理工作。

2. 灰浆输送泵安全技术

输送管道应有牢固的支撑，尽量减少弯管，各接头连接牢固，管道上不得加压或悬挂重物。

灰浆输送使用前，应进行空运转，检查旋转方向正确，传动部分、工作装置及料斗滤网齐全可靠，方可进行作业。加料前，应先用泵将浓石灰浆或石灰膏送入管道进行润滑。

启动后，待运转正常才能向泵内放砂浆。灰浆泵需连续运转，在短时间内不用砂浆时，可打开回浆阀使砂浆在泵体内循环运行，如停机时间较长，应每隔 3~5min 泵送一次，使砂浆在管道和泵体内流动，以防凝结而阻塞。

工作中应经常注意压力表批示，如超过规定压力应立即查明原因排除故障。

应注意检查球阀、阀座或挤压管的磨损，如发现漏浆应停机检查修复或更换后，方可继续作业。

故障停机前，应打开泄浆阀使压力下降，然后排除故障。灰浆输送泵压力未降至零时，不得拆卸空气室、压力安全阀和管道。

作业后，应对输送泵进行全面清洗和做好场地清理工作。

灰浆联合机和喷枪必须由专人操作、管理和保养。工作前应做好安全检查。喷涂前应检查超载安全装置，喷涂时应随时观察压力表升降变化，以防超载危及安全。设备运转时不得检修。设备检修清理时，应拉闸断电，并挂牌示意或设专人看护。非检修人员不得拆卸安全装置。

3. 空气压缩机安全技术

固定式空气压缩机必须安装平稳牢固。移动或空气压缩机放置后，应保持水平，轮胎应楔紧。

空气压缩机作业环境应保持清洁和干燥。贮气罐需放在通风良好处，半径 15m 以内不得进行焊接或热加工作业。

贮气罐和输气管每三年应作水压试验一次，试验压力为额定工作压力的 150%。压力表和安全阀每年至少应校验一次。

移动式空气压缩机施运前应检查行走装置的紧固、润滑等情况。拖行速度不超过 20km/h。

空气压缩机曲轴箱内的润滑油量应在标尺规定范围内，加添润滑油的品种、标号必须符合规定。各联结部位应紧固，各运动部位及各部阀门开闭应灵活，并处于起动前的位置。冷却水必须用清洁的软水，并保持畅通。

启动空气压缩机必须在无载荷状态下进行，待运转正常后，再逐步进入载荷运转。

开启送气阀前，应将输气管道联接好，输气管道应保持畅通，不得扭曲。并通知有关人员后，方可送气。在出气口前不准有人工作或站立。

空气压缩机运转正常后，各种仪表批示值应符合原厂说明书的要求：贮气罐内最大压力不得超安全规定，安全阀应灵敏有效；进气阀、排气阀、轴承及各部件应无异响或过热现象。

每工作 2h 需将油水分离器、中间冷却器、后冷却器内的油水排放一次。贮气罐内的油水每班必须排放一至二次。

发现下列情况之一时，应立即停机检查，找出原因，待故障排除后方可作业：

（1）漏水、漏气、漏电或冷却水突然中断。

（2）压力表、温度表、电流表的批示值超过规定。

（3）排气压力突然升高，排气阀、安全阀失效。

（4）机械有异响或电动机发生强烈火花。

空气压缩机运转中，如因缺水致气缸过热而停机时，不得立即添加冷水，必须待气缸体自然降温至60℃以下方可加水。

电动空气压缩机运转中如遇停电，应即切断电源，待来电后重新启动。

停机时，应先卸去荷载，然后分离主离合器，再停止内燃机或电动机的运转。

停机后，关闭冷却水阀门，打开放气阀，放出各级冷却器和贮气罐内的油水和存气。当气温低于5℃时，应将各部存水放尽，方可离去。

不得用汽油或煤油清洗空气压缩机的过滤器及气缸和管道的零件，或用燃烧方法清除管道的油污。

使用压缩空气吹洗零件时，严禁将风口对准人体或其他设备。

4.水磨石机安全技术

水磨石机使用前，应仔细检查电器、开关和导线的绝缘情况，选用粗细合适的熔断丝，导线最好用绳子悬挂起来，不要随着机械的移动在地面上拖拉。还需对机械部分进行检查。磨石等工作装置必须安装牢固；螺栓、螺帽等结件必须紧固；传动件应灵活有效而不松动。磨石最好在夹爪和磨石之间垫以木楔，不要直接硬卡，以免在运转中发生松动。

水磨石机使用时，应对机械进行充分润滑，先进行试运转，待转速达到正常时再放落工作部分；工作中如发生零件松脱或出现不正常音响时，应立即停机进行检查；工作部分不能松落，否则易打坏机械或伤人。

长时间工作，电动机或传动部分过热时，必须停机冷却。

每班工作结束后，应切断电源，将机械擦试干净，停放在干燥处，以免电动机或电器受潮。

操作水磨石机，应穿胶鞋或戴绝缘手套。

5.手持电动工具安全技术

手持电动工具作业前必须检查，达到以下要求：

（1）外壳、手柄应无裂缝、破损。

（2）保护接地（接零）连接正确、牢固可靠，电缆线及插头等应完好无损，开关操作应正常，并注意开关的操作方法。

（3）电气保护装置良好、可靠，机械防护装置齐全。

手持电动工具启动后应空载运转，并检查工具联动应灵活无阻。

手持砂轮机、角向磨光机，必须装置防护罩。操作前，用力要平稳，不得用力过猛。

作业时，不得用手触摸刃具、砂轮等，如发现有磨钝、破损情况应立即停机修整或更换后再行作业。工具在运转时不得撒手。

严禁超载荷使用，随时注意音响、温升，如发现异常应立即停机检查。作业时间过长，温度升高时，应停机待自然冷却后再行作业。

使用冲击钻注意事项：

（1）钻头应顶在工件上再打钻，不得空打和顶死。

（2）钻孔时应避开混凝土中的钢筋。

（3）必须垂直地顶在工件上，不得在钻孔过程中晃动。

（4）使用直径在 25mm 以上的冲击电钻时，作业场地周围应设护栏。在地面上操作应有稳固的平台。

使用角向磨光机应注意砂轮的安全线速度为 80m/min；作磨削时应使砂轮与工作面保持 15°～30°的倾斜位置，作切割时不得倾斜。

第四节　计算机辅助设计的概念

一、室内装饰表现图计算机辅助设计的概念

如今计算机除了在建筑外观的构思，三维模型的建立等方面有着广泛地应用，在表现设计思想，建立三维模型，制作室内装饰效果表现图又有新的发展。

所谓室内装饰表现图，是指设计师用来表达室内设计思想，

展示其设计品质的建筑画。而室内装饰表现图的计算机辅助设计，则是利用计算机这种特殊的工具来绘制室内装饰表现图。它与传统手工绘制的效果相比，有着突出的优点：

（1）计算机可以自动地控制图形的绘制和色彩的施加。

（2）可以灵活地选择观看三维模型的角度。

（3）图形修改，编辑比较容易。

（4）可以贮存和复制图形。

二、室内装饰表现图计算机辅助设计的过程

根据表现图完成的程度及精度，室内装饰表现图计算机辅助设计的制作大致可分为以下三个过程：

（1）三维模型的建立

即利用计算机及相应的软件建立室内的三维线框模型，描述房间的平面形状、尺寸、室内家俱陈设及细部做法等，利用这种方法建立的三维模型可以在屏幕上任意选择观看角度，任意编辑、修改。

（2）渲染就是把建好的三维模型的各个表面"贴"上相应的材料（包括质感和色彩）。这些材料的图素可以用平面绘图软件绘制，也可以用扫描仪扫描材料图案的照片得到。

三维模型经渲染被"贴"上相应的材料图案后模型就像"真"的房间了，经渲染后的室内模型可以用影像文件的形式存贮，常见的影像文件有：JGA、TIF、JPC。

（3）影像的后期处理：

三维模型经渲染后生成的室内模型影像有时不一定能恰如其分地表现模型的真实效果。这时就需要对它进行修整、补充，如调整影像的色彩效果，添加墙面装饰物，调整灯光的气氛等，影像经处理后的表现图将增加其表现力和艺术感染力。

建模、渲染和影像的后期处理是利用计算机进行室内装饰表现图创作的基本过程，但在实践中，也可以根据创作表现图的用途不同，灵活掌握。

参 考 文 献

1 朱维益编著．抹灰手册（第二版）．北京：中国建筑工业出版社，1999
2 哈尔滨建筑工程学院华南工学院编．建筑结构．北京：中国建筑工业出版社，1980
3 中建建筑承包公司组织编写．干挂石材的全过程设计与施工．北京：中国建筑出版社，2001
4 中建建筑承包公司编．中国绿色建筑/可持续发展建筑国际研讨会论文集．北京：中国建筑工业出版社，2001
5 王华生，赵慧如，王江南编．装饰材料与工程质量验评手册．北京：中国建筑工业出版社，1994
6 梁玉成主编．建筑识图（第三版）．北京：中国环境科学出版社，2002
7 熊培基主编．建筑装饰识图与放样．北京：中国建筑工业出版社，2002
8 顾世权主编，白丽红、栾蓉编．建筑装饰制图．北京：中国建筑工业出版社，2002
9 乐嘉龙主编．学看建筑装饰施工图．北京：中国电力出版社，2002
10 清华大学建筑工程系制图组编．建筑制图与识图．北京：中国建筑工业出版社，1980
11 华中工学院《机械制图读本》编写组编．机械制图读本．北京：科学出版社，1972
12 王旭、王裕林编．管道工识图教材．上海：上海科学技术出版社，1985
13 王秀英主编．工程制图．北京：科学出版社，2002
14 雍本主编．幕墙工程施工手册．北京：中国计划出版社，2002